지구를 살리는
7가지 불가사의한
물건들

Seven Wonders: Everyday Things for a Healthier Planet
Copyright © 1999 Northwest Environment Watch
Korean Translation Copyright © 2002 by Gumulko Publishing Co.

Korean edition is published by arrangement
with Sierra Club Books, San Francisco
through Duran Kim Agency, Seoul.

*이 책의 한국어판 저작권은 듀란킴 에이전시를 통한
Sierra Club Books와의 독점계약으로
도서출판 그물코에 있습니다.
저작권법에 의하여 한국 내에서 보호를 받는 저작물이므로
무단전재와 무단복제를 금합니다.

지구를 살리는 7가지 불가사의한 물건들

SEVEN WONDERS

존 라이언 지음 | 이상훈 옮김

그물코

감사의 글

이 책의 표지에는 한 사람의 이름만 적혀 있다. 하지만 이 책이 세상에 나오기까지 수많은 사람들의 도움이 있었다. 그들은 나에게 소박하고 용기 있게 산다는 것이 어떠한 모습인지를 알게 해주었다.

— 존 라이언

역자서문

    환경이란 단어는 21세기의 화두로서 많은 사람이 유행처럼 사용하고 있다. 지구생태계가 오염되어 가고 있다는 사실은 모든 사람이 인정하고 있지만, 파괴되어 가는 지구생태계를 구하기 위하여 우리가 무엇을 해야 하는가에 대한 질문에 대해서는 사람마다 대답이 다를 것이다. 지구를 구하기 위하여 사람들은 일차적으로 환경기술의 개발이 가장 중요한 것이라고 생각하기 쉽다. 공장폐수를 방류하기 전에 적절한 폐수처리장치를 거치게 하고, 대기오염물질을 줄이기 위하여 굴뚝에 적절한 방지시설을 설치하는 일 등은 분명히 효과가 있고 예산을 투입할 가치가 있는 분야이다. 그러나 환경기술의 개발만으로 지구생태계를 구할 수는 없다. 우리가 살아가는 동안 자원을 덜 소비하고 오염물질을 덜 만드는 생활방식을 지구인 모두가 실천할 때에 우리는 지구생태계를 구할 수 있을 것이다.

    이 작은 책은 우리가 일상생활에서 실천할 수 있는 친환경적인 생활방식에 대해서 이야기하고 있다. 여기에 나오는 7가지 불가사의는 그 효과는 매우 작아 보이지만 지구인 모두가 실천할 때에는 '티끌모아 태산' 이라는 속담처럼 엄청난 변화를 일으킬 수 있을 것이다. 환경을 사랑하는 한국의 많은 사람들에게 권장할 만한 좋은 책이라고 생각된다.

    역자는 이 책을 번역하면서 지구를 구할 수 있는 데에 조금이나마 공헌할 수 있다는 생각에서 매우 기쁘게 작업을 진행할 수 있었다. 이러한 좋은 기회를 제공해 주신 그물코의 장은성 사장님에게 감사를 표하고 싶다.

2002년 4월
와우리에서
이상훈

감사의 글 _ 5

역자 서문 _ 7

서문 | 더불어 사는 지구를 위하여 _ 11

자전거 Bicycle _ 19

콘돔 Condom _ 35

천장선풍기 Ceiling Fan _ 47

빨랫줄 Clothesline _ 59

타이국수 Pad Thai _ 71

공공도서관 Public Library _ 85

무당벌레 Ladybug _ 97

결론 | 지구를 살리는 사람들 _ 111

부록 1   참고자료 (북미) _ 115
부록 2   참고자료 (우리나라) _ 123

참고 문헌 _ 131

서문 더불어 사는 지구를 위하여

어느 날 티베트의 정신적 지도자 달라이 라마(Dalai Lama)가 유명한 경제학자이자 하버드대학 교수인 갈브레이스(John Kenneth Galbraith)를 만났을 때 이러한 질문을 했다. "만약 이 세상에 살고 있는 모든 사람이 자동차를 운전한다면 지구는 어떻게 될까요?" 달라이 라마의 질문은 답이 불가능한 사실에 근거를 두고 있기 때문에 공안(公案, 선(禪)불교 전통의 하나로 역설적인 수수께끼를 의미함: 역자 주)이라고 할 수 있다. 공안이란 "만약 한 손으로 박수를 친다면 어떤 소리가 날까?"라는 질문처럼 논리적인 해답이 없는 것이 특징이다. 하지만 해답을 찾아 탐구하다 보면 어느 순간 번쩍이는 깨달음을 얻게 된다.

북아메리카는 운전연령층의 사람 수만큼 자동차가 굴러다니는 유일한 대륙이다. 만약 전 지구인이 북미대륙에 사는 미국인처럼 자가용을 소유한다면 세계의 석유소비량은 4배로 증가할 것이다. 그러나 원유생산은 절대로 4배로 증가할 수 없다. 석유전문가들은 세계의 원유생산은 거의 정점에 도달하였고, 앞으로 10~25년 동안 계속해서 감소할 것이라고 예측하고 있다. 또 기상학자들은 지구의 기후를 안정시키기 위해서는 온실가스인 이산화탄소 배출을 60퍼센트 줄여야 하는데, 미국처럼 전 지구인이 자동차를 운전한다면 이산화탄소는 2배로 증가할 것이라고 주장하고 있다.

분명한 것은 전 지구인이 자동차를 소유하기 훨씬 전에 교통혼잡과 교통사고, 스모그 등이 대재앙(大災殃) 수준으로 증가한다는 것이다. 각 나라는 자동차에 필요한 고속도로와 주차장 건설, 그리고 자동차 사고 환자를 위한 응급실 건설 등에 지출을 늘이다가 결국 파산하고 말 것이다. 또한 자동차를 만드는 데 필요한 원자재, 즉 강철, 알루미늄, 고무의 소비가 증가할 것이고, 이들 원자재를 생산하는 과정에서 발생되는 생태계 파괴와 환경오염도 모두 몇 배로 증가할 것이다.

이러한 면에서 달라이 라마의 질문은 많은 생각을 하게 한다. 즉, 미국 사람의 생활방식이 전 세계의 모델이 될 수는 없다는 것을 깨우치고 있는 것이다. 물론 '미국적 소비문화'

(원문의 Baywatch effect'를 의역한 것임: 역자 주)라고 말할 수 있는 것만을 제외하고는 미국 사람의 생활방식에 큰 문제가 있는 것은 아니다.

매주 144개 국가에서 10억 명의 사람들이 '배이워치(Baywatch)라는 텔레비전 프로를 시청하였다. 중국에서는 해혼(海魂)이라는 제목으로 방영하였는데 텔레비전 역사상 가장 높은 시청률을 기록하였다. 원래 비디오용으로 제작된 이 드라마는 미국에서 가장 큰 수출품목인 미국문화 중 하나이다. 수많은 지구인들이 이 프로를 보고 미국인처럼 살고 싶어했다. 그들이 모방하려는 미국인은 평범한 미국인이 아니라 매우 화려한 생활을 즐기는 미국인이다. 싫든 좋든 지구촌 곳곳에서 많은 사람들이 '아메리칸 드림(American Dream)'을 동경하며 멋진 스포츠카를 타고 싶어하고 맛있는 스테이크 요리를 먹고 싶어한다.

지구자원에 부담을 많이 주는 곳이 북아메리카이고 미국인이다. 에너지를 기준으로 계산해 보면, 인간이 소비하는 식량은 고래와 비슷한 수준으로 하루에 2500~3000칼로리 정도이다. 우리가 소비하는 모든 에너지는 대부분 화석연료에서 나오는데, 미국인이 평균 소비하는 에너지 총량은 하루에 18만 칼로리로 거대한 사향고래의 평균 에너지 소비량과 맞먹는다. 미국인이 소비하는 에너지는 사람 크기의 다른 포유류 동물이 소비하는 양보다 훨씬 많다.

　　미국은 지구의 기후를 변화시키는 온실가스를 가장 많이 배출하고 있다. 인류는 또한 매년 육지에서 자라고 있는 모든 식생의 40퍼센트를 사용하며, 청정지역을 거쳐 흘러나오는 담수를 3분의 1이나 오염시킨다. 인류는 세계 삼림의 3분의 2와 초원의 4분의 3을 훼손하였고, 인간의 지방질에 250종류나 되는 새로운 화학물질을 첨가시켰으며, 공룡이 지구를 거닐던 시절 이후에 가장 대규모로 생물종을 멸종시켰다. 참으로 엄청난 일이 아닐 수 없다.

　　손바닥 하나로 박수를 칠 수 없듯이 60억 인류가 미국인처럼 대량 소비한다는 것은 불가능한 일이다. 그러나 그러한 세계를 상상해 봄으로써 우리는 자신의 모습을 다른 각도에서 바라볼 수 있다. 앞서 인용한 공안은 인류가 혼잡해진 지구에서 함께 살기 위하여 필요한 새로운 생활방식, 즉 지구를 살리는 방법에 대하여 탐구하도록 우리를 인도한다. 어떻게 하면 인류는 지구에게 과도한 부담을 주지 않고 필요한 식량과, 집, 지식과 오락을 얻을 수 있을까?

　　우리가 추구하고 있는 경제활동의 파괴성을 뒤집어 보면 지구에게 미치는 충격을 줄이면서도 인류의 복지를 향상시킬 수 있는 기회는 많이 있다. 경제의 효율 면에서 미국인은 옛날에 과일이 주렁주렁 달린 과수원에서 일하던 할머니를 따라가지 못한다고 볼 수 있다. 우리의 경제체제는 지구로부터 얻은 자원을 사용하는 과정이 너무 비효율적이어서, 우리가 환경에 미치는 엄청난 피해의 대부분은 사실 별 어려움 없이 줄일 수 있다. 농업, 공업, 교통 등 일상생활의 여러 분야에서 지금까지 익숙한 방식보다 더 환경친화적이고 비용이 덜 드는 실현 가능한 대안들이 이미 소개되었다. 이처럼 도처에서 생태계가 파괴되는 와중에서도 우리의 경제가 환경에 주는 피해를 줄이면서도 더 잘 운용될 수 있다는 것을 아는 것은 큰 희망을 준다.

우리 앞에는 커다란 도전이 기다리고 있다. 이러한 도전은 매우 위압적이기는 하지만 우리는 희망을 잃지 말아야 한다. 세계의 기후를 안정화시키면서 동시에 지구상에 사는 10억 명의 절대빈곤층 인류에게 적절한 경제적인 희망을 갖게 하려면 선진국들은 이산화탄소의 발생량을 최소한 75~90퍼센트 줄여야 한다. 다시 말해 현재 수준의 4분의 1 또는 10분의 1로 줄여야 한다는 의미이다. 이러한 규모의 변화는 하루아침에 이루어질 수 없지만, 분명한 것은 우리가 지향해야 할 목표라는 것이다.

다행히 우리의 경제가 미치는 충격을 대폭 줄이기 위하여, 즉 지속 가능성을 향하여 도약할 수 있는 여러 가지 방안은 이미 존재해 있다. 이 책은 그러한 방안 중에서 77가지를 소개하고 있다. 7가지 항목이야말로 지구를 살리는 현대판 7대 불가사의 또는 7대 경이(驚異)라고 할 수 있다. 일반적으로 세계 7대 불가사의는 이집트의 쿠프왕피라미드, 알렉산드리아의 파로스등대, 바빌론의 공중정원, 에페수스의 아르테미스 신전, 올림피아의 제우스 상, 할리카르나소스의 마우솔로스 능묘, 로도스의 크로이소스 대거상을 의미한다. 고대의 7대 불가사의와는 달리 지구를 살리는 7대 불가사의는 웅장하거나 오래된 것이기 때문에 유명한 것이 아니고 지구에 미치는 영향을 최소화하면서도 지속 가능성에 크게 공헌하기 때문에 선정되었다. 이들이 경이적인 까닭은 현대 경제의 여러 결과물과는 달리 달라이 라마의 테스트, 즉 "지구에 사는 모든 사람이 유한한 지구의 자연자원을 황폐시키지 않으면서도 사용할 수 있을까?"라는 기준을 통과하기 때문이다.

이 책에서 소개하고 있는 7가지 항목은 사향고래만한 크기의 탐욕을 인간 크기의 규모로 줄이고, 지구에 미치는 엄청난 충격을 지구가 견딜 수 있을 정도로 줄이는 데 공헌할 것이다. 지구를 살리는 7가지 불가사의는 지속 가능성을 위하여 유일하다거나 또는 가장 중요하다고 할 수는 없다. 그리스 시인 안티파터(Antipater)가 2000년 전에 최초의 7대 불가사의 목록을 작성한 이래 다양한 7대 불가사의가 나왔는데, 불가사의라는 것은 느끼는 사람에 따라 다르다. 그러나 여기에 소개하는 7대 불가사의는 예외 없이 모두 자연에 미치는 영향은 전혀 없거나 매우 적으면서도 인간의 생활을 향상시키는 데는 매우 강력하다. 이러한 특성이야말로 21세기에 가장 핵심적인 화두(話頭)라고 할 수 있다. 달라이 라마의 공안처럼 이들 7대 불가사의는 우리의 삶을 새로운 각도에서 바라볼 수 있게 하며, 좀더 지속 가능한 방식으로 사는 삶이 어떠한 의미가 있는지 이해할 수 있게 한다.

놀랍게도 7가지 지속가능한 불가사의는 모두 21세기 이전에 탄생하였다. 어떤 것은 고대의 7대 불가사의 중에 유일하게 남아 있는 이집트의 피라미드보다 더 오래 되었다. 그렇다고 이 책이 첨단기술 개발의 장점을 부정하려는 것은 아니다. 가솔린에서 에너지를 뽑아내는 과정에서 기존의 내연기관보다 2배나 효율이 높은 연료전지 같은 첨단기술은 인류가 지속 가능성을 성취하는 데 큰 도움이 될 수 있다. 그러나 문제는 기업과 정부가 첨단기술에 대해 여러 가지 형태로 과대선전하고 있다는 것이다.

이 책에 등장하는 지속가능한 불가사의는 3000년 동안이나 사용되지 않고 있어도 위용을 자랑하는 피라미드와는 달리 그것을 사람들이 어떻게 사용하는가에 따라 진가를 발휘할 수 있다. 즉, 지속 가능한 불가사의들이 지니고 있는 놀

랄 만한 잠재력을 실현하려면 개인과 사회가 일치하여 일상생활에서 활용을 해야 한다는 것이다.

　이 책에 나오는 불가사의의 목록은 고대부터 현대에 이르기까지 칭찬을 받아왔던 여러 가지 불가사의 목록 중에서 가장 최근의 것이다. 언제나 7가지로 묶는 이러한 불가사의 목록들은 대개 신이나 지도자에게 바쳐진 거대한 기념물로 구성되지만 때로는 시카고 시의 하수처리장 같은 별스러운 항목이 포함되는 공학기술적인 업적 등이 포함되기도 한다. 그렇지만 이 책에 나오는 지속 가능한 불가사의는 과거의 성취나 기술적인 업적에 대한 기념물이라기보다 인류가 살아가는 데 도움이 되는 도구나 수단일 뿐이다. 이들 지속 가능한 불가사의는 과거를 보는 것이 아니고 미래를 향한 것이다. 이들에게 거대함이 있다면 이들이 해결하려고 하는 생태적인 위험이 거대할 뿐이다. 대부분이 작고 인상적이지도 않으며 그럴 듯하게 보이지도 않는다. 또한 7가지 불가사의 항목은 인류 문명이 미래세대에도 계속 이어질 수 있도록 돕는 그러한 항목이며, 이러한 특성이야말로 우리를 감탄케 하기에 충분한 것이다.

● ──지구를 살리는 첫권째 불가사의
자전거

평소보다 조금 늦게 일어난 나는 출근 준비를 서둘렀다. 그나마 자전거로 출퇴근하기 때문에 길이 막힐 염려가 없어 출근 시간에 늦지는 않을 것 같았다. 대충 우유 한 잔을 마시고 뒷문으로 나갔다. 그 순간 눈앞이 캄캄했다. 어젯밤 분명 뒤뜰에 자전거를 세워두었는데, 자전거가 보이지 않는 것이었다. 혹시 어젯밤 자전거를 다른 곳에 세워 둔 것은 아닌가 생각해 보았지만 분명 그것은 아니었다. 잠시 후 나는 사태를 깨달았다. 10여 년간 함께 해온 나의 동반자 1987년형 캐논데일 18단 기어 자전거를 도난당한 것이다. 내가 가장 아끼는 자전거를. 그것도 바로 우리 집 뒤뜰에서 도난당했다는 사실을 알았을 때 나는 마치 팔 한쪽을 잃은 것같이 가슴이 아팠다.

내가 유달리 알루미늄과 강철조각으로 된 자전거에 집

착하는 데는 그만한 이유가 있다. 그 자전거는 9년 동안 나의 친구이자 분신이었다. 그만큼 나는 자전거를 애지중지해 왔던 것이다.

자전거는 전 세계적으로 가장 많이 이용되고 있는 교통수단이다. 세계적으로 자전거는 자동차보다 2:1의 비율로 더 많으며, 생산량도 3대1의 비율로 더 많다. 중국 사람들은 출퇴근 시간에 거의 자전거를 이용하고 있으며, 부유한 유럽과 일본에서도 많은 사람이 자전거를 이용한다.

이처럼 다른 나라 사람들에게는 인기가 있는 자전거가 유독 미국 사람들에게만은 인기가 없다. 그들은 자전거를 마치 장난감처럼 생각한다. 미국의 성인 약 5000만 명과 어린이 약 4000만 명이 일년에 한 번 이상 자전거를 탄다. 하지만 자전거로 출퇴근하는 사람은 단지 200만 명에 불과하다. 미국 사람들이 여행할 때 자전거를 이용하는 횟수는 단지 0.7퍼센트일 뿐이다. 캐나다 또한 1퍼센트만이 자전거를 이용하여 여행한다. 참고로 1997년 캐나다에서 발행한 교통백서를 살펴보면, 전체 210쪽 보고서에서 자전거에 대해서는 교통수단이 아니라 단지 교통사고의 피해자로서만 통계가 나온다.

자전거는 지금까지 발명된 교통수단 중에서 가장 에너지효율이 높다. 그렇기 때문에 많은 관심을 갖고 이용해야 한다. 같은 거리를 이동하더라도 자전거를 타는 사람은 다른 교통수단보다 에너지를 적게 소비한다. 우리는 흔히 걷는 게 자전거를 타는 것보다 에너지를 더 적게 소비한다고 생각하는데 사실 그렇지 않다. 오히려 걷는 것은 자전거를 타는 것보다 3배나 더 에너지를 소비한다. 심지어 바다에서 부력을 받으며 이동하는 연어조차 2배나 더 에너지를 소비한다.

　내가 자전거를 좋아하는 이유는 다양하다. 우선 자전거는 경제적이고 건강에도 좋다. 특히 자전거는 세상에 해를 끼치지 않는다. 이러한 점에서 지구를 살리는 불가사의 중 하나라고 할 수 있다. 자전거를 타는 사람이 내쉬는 숨은 비를 산성화시키지도 않고 일산화탄소나 먼지로 사람들에게 피해를 주지도 않는다. 자전거는 화석연료나 석유가 아닌 탄수화물을 연료로 사용한다. 또한 자전거는 교통혼잡을 일으키지도 않으며, 정부예산을 들여 도로를 내고 포장할 필요도 없다. 이처럼 자전거는 많은 장점을 지니고 있기 때문에 나는 자전거 타기를 좋아한다.

　미국과 캐나다를 중심으로 살펴볼 때 2~24세 사이 연령층이 사망하는 첫번째 원인이 자동차 때문이라고 한다. 전 세계적으로는 15~44세 사이 연령층이 사망하는 첫번째 원인이라고 한다. 이러한 통계를 보더라도 자전거는 매우 안전한 교통수단임에 틀림없다.

　자동차 발명은 분명 20세기의 인류에게 전례 없는 이동성을 가져다주었다. 그렇지만 자동차는 다른 교통수단과 인류, 생태계에 많은 피해를 주면서 증가하고 있다. 오늘날 미국에서는 모든 여행의 86퍼센트를 자동차가 담당하며 미국 내 자동차의 총 주행거리는 나머지 전 세계의 자동차 주행거리와 맞먹는다. '한 가구당 차 2대'는 더 이상 아메리칸 드림이 될 수 없다. 미국의 가구 5분의 1이 3대 이상의 자동차를 소유하고 있다. 북미대륙에서 가장 흔한 교통수단인 자동차는 그 수가 너무 많아 유용성 자체가 위협받고 있다. 즉, 자동차가 너무 증가해 오히려 자동차가 제대로 움직일 수 없는 지경에 다다른 것이다.

　많은 사람이 아메리칸 드림을 동경하면서 자동차를 가지고 싶어한다. 하지만 지구 전체로 보면 전 세계인이 자동차를 소유한다는 것은 불가능하다. 생태적인 피해는 무시하더라도 경제성으로만 따져보아도 이러한 꿈은 실현될 수 없다. 전 세계적으로 자동차를 구입할 정도로 여유가 있는 사람은 기껏해야 10퍼센트 미만이다. 이에 반해 자전거 한 대를 구입할 만한 여유가 있는 사람은 거의 80퍼센트에 달한다. 또한 자동차에 필요한 도로와 주차공간을 만들려면 많은 정부의 재정이 파탄나고 세계의 식량생산이 위협받게 된다. 예를 들어 미국정부가 자동차를 위해 만든 포장도로만큼 중국이 자동차를 위해 포장도로를 건설한다면 경작지의 40퍼센트를 도로로 바꾸어야 한다.

환경운동가, 기술자, 그리고 도시계획가들은 현재의 자동차 중심의 수송체계에 문제가 있다는 것을 인정하고 대안을 만들기 위하여 열심히 노력하고 있다. 버스와 기차를 늘리고 승용차 함께 타기 등을 실천하면 자동차를 혼자 타는 것보다는 교통량도 줄이고 대기오염도 줄일 수 있다. 그렇지만 자동차가 제공하는 사생활 보장과 편리함을 잃게 된다. 무공해연료나 전기로 가는 자동차, 기름 한 통만 넣으면 대륙을 횡단할 수 있는 '꿈의 자동차'가 나오면 온실가스인 이산화탄소의 배출은 줄일 수 있을 것이다. 그러나 이러한 자동차가 나오더라도 교통혼잡, 도시의 팽창, 교통사고는 근본적으로 줄어들지 않는다. 따라서 현재의 자동차 중심의 교통체계를 개혁하기 위해서는 다양한 대안이 필요하다. 무엇보다도 자동차가 일으키는 모든 문제점을 해결할 수 있는 유일한 교통수단은 자전거임을 인식해야 할 것이다.

물론 모든 사람이 자전거를 탈 필요는 없다. 또한 모든 이동을 자전거로 할 수도 없다. 자전거가 할 수 없는 많은 일을 자동차가 해낸다. 언덕 위로 짐을 운반하는 일, 비가 올

때 운전자를 보호하는 일, 장거리를 좀더 빨리 여행하는 일 등은 모두 자동차만이 할 수 있는 일이다. 그러나 자동차가 수행하는 일들 중에서 많은 부분을 자전거로 대신할 수 있다. 자동차를 이용하는 미국 사람들 중 거의 반이 3마일 이내의 거리를 이동하며, 4분의 1은 1마일 이내의 거리를 이동한다. 이처럼 자동차는 대부분 우리의 일상적인 이동을 해결하는 수단으로 이용된다. 다시 말해 집과 가게, 그리고 직장과 학교를 오가는 데 거의 쓰이는 것이다.

사실 일상적인 이동은 자전거전용도로나 보행자전용도로가 아니더라도 자전거를 이용하거나 걸을 수 있다. 그리고 걸으면 15분 걸리는 거리를 자전거를 타면 4분에 이동할 수 있다.

그 밖에도 많은 단거리 이동은 만일 자전거전용도로나 포장된 갓길이 있다면 자전거를 이용하거나 걸어서 해결할 수 있다. 미국에서 여가수단으로 자전거를 즐기는 사람 중의 절반, 즉 전체 성인 수로 볼 때 다섯 사람 중 한 사람이, 만일 자전거길이 잘 갖추어져 있다면 자전거를 타고 직장에 가겠다고 대답하였다. 실제 미국 도시들을 조사한 결과 자전거전용도로를 갖추고 있는 도시에서는 그렇지 않은 도시에 비하여 자전거를 이용해 통근하는 사람이 3배나 많았다.

가까운 거리에 갈 때는 자동차보다 자전거를 이용

하거나 걸어가는 것이 효율적이다. 가까운 거리를 자동차로 이동할 때 가장 많은 대기오염물질이 발생한다. 자동차가 저속으로 달릴 때와 고속으로 달릴 경우, 저속으로 달릴 때 오히려 일산화탄소는 4배, 휘발성 유기화합물(Volatile Organic Compounds: VOCs)은 2배나 더 많이 발생된다고 한다. 또한 자동차가 달리다 멈추어도 스모그의 원인이며 발암 물질인 휘발성 유기화합물이 발생한다. 이는 5분을 운전했든 5시간을 운전했든 상관없이 가열된 엔진이 완전히 식을 때까지 휘발성 오염물질은 계속해서 증발한다.

또한 자전거를 타면 차를 운전하는 사람보다 대기오염에 덜 노출된다. 자동차 배기가스는 길을 따라서 눈에 안 보이는 터널을 형성한다. 형성된 터널 속 오염물질은 도로의 중앙에 집중되어 있다. 따라서 오염터널의 중심에 가까이 있는 자동차 운전자는 터널의 가장자리에 있는 자전거 운전자나 보행자에 비해 2~3배 더 오염된 공기를 통과하게 된다. 따라서 자동차 운전자는 2~3배 더 심한 대기오염에 노출되는 것이다. 자동차는 이에 대한 보호대책이 거의 없기 때문에 운전자는 배기가스의 가장 직접적인 피해자가 되고 만다. 다행히 버스는 자동차보다 높기 때문에 버스 승객은 승용차 운전자에 비해 덜 오염된 공기를 마시며, 자전거 운전자는 가장 적게 오염된 공기를 마시게 된다.

자동차는 충돌위험이라는 노골적인 형태로 자전거 운전자를 위협한다. 어느 한 기관이 설문조사를 했는데 응답자 대부분이 자전거 타기를 꺼리는 가장 큰 이유는 안전 때문이라고 대답하였다. 헬멧 외에는 별 다른 보호장치 없이 거리에서 자전거를 타는 사람 곁으로 무게가 수톤인 쇳덩어리들이 씽씽 달린다는 것은 분명 매우 위협적이다. 미국에서 1996년에 자동차 관련 사고로 모두 4만 2000명이 사망했는데 이중에서 5412명이 보행자였고 761명이 자전거 운전자였다. 자전거를 타다 사망한 사람의 96퍼센트는 헬멧을 쓰지 않았다. 같은 해에 캐나다에서는 자동차 관련 사고로 3082명이 사망하였는데, 자전거를 타다 사망한 사람이 761명이었다.

　이와 같이 자전거를 안전하게 탈 수 있는 장소가 없기 때문에 평균 계산해 보면 1킬로미터를 이동하는 동안 자전거 운전자는 자동차 운전자보다 더 큰 사고위험에 노출된다. 오토바이는 자동차의 빠른 속도와 자전거의 무방비성이 결합되었기 때문에 운전자가 충돌사고로 사망할 가능성이 수배나 더 높다. 그러므로 자동차 차선 옆에 자전거전용도로를 늘리는 길만이 자전거 타는 사람들의 안전을 보호할 수 있을 것이다. 그리고 반드시 헬멧을 쓰게 한다면 치명적인 자전거 사고를 절반 이상 줄일 수 있을 것이다.

거리에서 자전거를 타면 위험은 따르지만 건강상의 이익은 훨씬 크다. 또한 자전거 타기는 돈이 별로 들지 않는 운동이다. 호흡기가 좋아지는 등 여러 가지 장점이 있어 운동 중에서는 단연 최고라고 할 수 있다. 사고의 위험이 있다고 말을 하는데 그렇지 않다. 야구나 농구에 비교하면 오히려 한 시간 운동하는 동안 다칠 확률은 자전거가 더 낮다. 많은 사람들이 자전거를 이용한다면 현대인이 직면하고 있는 건강상의 위험성, 즉 많은 시간을 의자에 앉아 생활하기 때문에 나타나는 엄청난 건강상의 피해를 줄일 수 있다. 미국인의 가장 큰 사망 원인은 심장병이라고 한다. 심장병은 무엇보다 흡연, 육식, 그리고 몸을 움직이지 않아서 생긴다. 한 조사에 따르면 미국 성인 가운데 40퍼센트가 거의 아무 운동도 하지 않는다고 조사되었다. 권장 운동량을 달성하는 사람은 13명 중 1명에 불과하다. 걷기나 자전거 타기 같은 약간의 운동과 적당한 운동은 고혈압, 골다공증, 암의 발병을 줄일 수 있다. 또한 자전거 타기를 거리에서 실천한다면 헬스클럽에 가서 자전거 타기를 하는 사람의 수를 줄일 수도 있을 것이다.

나는 자전거를 탈 때 항상 안전하게 헬멧을 쓴다. 그리고 길옆에 주차되어 있는 차는 언제, 어느 순간에 차문이 열릴지 모르므로 늘 주의를 기울인다. 또 걸어가면서 핸드폰

통화를 하는 사람 옆에는 될 수 있는 한 가까이 가지 않고, 가능하면 길 가장자리 또는 자전거 전용차선으로 가려고 노력한다. 그러나 나 자신이 위험을 줄이기 위하여 노력하는 데는 한계가 있다. 그러므로 정부가 나서서 자전거 타기가 보다 안전하고 편리한 이동수단이 될 수 있도록 정책을 추진해야 한다.

예를 들어 자동차 우선 지원 정책을 자전거를 보급하는 방향으로 전환하여야 한다. 캘리포니아 주 데이비스 시와 팔로알토 시에서는 자전거 전용차선을 많이 지정한 결과 모든 이동의 5분의 1이 자전거로 이루어지고 있다. 일본은 자전거 보유율이 미국과 비슷한데도 비싼 휘발유 값과 세금, 부족한 주차공간 때문에 근로자 6명 중 1명은 자전거로 출퇴근한다. 유럽의 5개 국가 또한 자동차 속도제한, 차량 없는 거리 지정 등 자전거친화정책을 시행하여 자전거 운전자가 늘어나서 도시에서 이동의 10퍼센트가 자전거를 이용한다. 특히 덴마크는 모든 이동의 5분의 1이 자전거로 이루어지며 네덜란드에서는 자전거가 모든 이동의 3분의 1을 담당한다.

자동차 속도를 제한하려면 2차로 통행로를 1차로로 좁히거나 차량의 흐름을 분기시키는 교차로를 만드는 방안 등이 있다. 이러한 조치들은 자전거 운전자뿐만 아니라 다른 모든 사람에게도 안전하고 쾌적한 거리를 제공한다. 북미의 어린이들이 사망하는 가장 큰 원인은 자동차사고이다. 따라서 자동차 속도는 어린이 안전을 결정하는 가장 중요한 요인이다. 보행자가 시속 65킬로미터로 달리는 차와 부딪혔을 때 생존할 확률은 15퍼센트에 불과하지만 50킬로미터라면 생존 확률은 55퍼센트, 30킬로미터라면 95퍼센트가 된다. 이와 같이 시속이 낮을수록 사고 위험이 줄어든다는 것을 알 수 있다.

북미 청소년은 대부분 16세에 자동차 운전면허를 딴 후 자유롭게 거리를 돌아다닌다. 이와 대조적으로 네덜란드 청소년은 4세 때 자전거 타는 것을 배우기 시작하면서 혼자서 거리를 돌아다닌다. 미국의 거리는 매우 위험하기 때문에 어린이들이 거리를 혼자서 돌아다닌다는 것은 아예 상상조차하기 힘들다. 게다가 부모들은 자동차 없이는 꼼짝도 할 수 없는 상황에 처해 있다.

미국의 문명은 자동차문명이다. 그러나 미국과 카나다 전체 인구의 3분의 1은 자동차를 운전하지 못한다. 따라서 어린이, 노인, 장애자, 그리고 차를 살 돈이 없는 사람 등은 자동차 중심의 교통체계에 묶여 때때로 피해를 입는다. 그러나 안전하고 쾌적한 거리가 있는 밀집형 도시는 자동차, 자전거 운전자나 보행자 모두가 살기 좋은 곳이다. 따라서 이러한 도시에서는 자전거를 이용하는 사람이 많다. 예를 들어 유럽은 도시가 밀집형이기 때문에 많은 사람들이 거리에서 자전거를 탄다. 심지어 노인들도 자전거를 즐겨 타며 삶의 활력을 얻고 훨씬 더 오랫동안 혼자서 독립적인 생활을 할 수 있다. 중국의 대도시에서는 60세 이상의 노인 중에서 20퍼센트가 주 교통수단으로 자전거를 이용한다.

따라서 정부는 앞장서서 자전거활성화를 지원해야 할 것이다. 자전거친화적 환경은 적은 비용으로 신속히 조성할 수 있다. 예를 들어 자전거 차선을 그리거나 불필요한 자동차 차선을 삭제하는 것은 페인트 한 통이면 충분하다. 물론 자전거 전용차선을 만들거나 자전거 보관소를 만드는 비용이 좀 들겠지만 자전거는 이동하거나 주차할 때 작은 공간을 차지하기 때문에 오히려 자동차에 비하면 훨씬 적은 비용이 든다.

자전거는 대중에게 이동성을 제공하는 매우 값싼 방법임에 틀림없다. 그러나 궁극적으로 사람들이 원하는 것은 이동성이 아니라 접근성이다. 가고자 하는 목적지가 가까이 있으면 사람들은 이동하는 데 드는 시간과 에너지를 최대한 줄여 일하는 데 투자하고자 한다. 따라서 밀집형 도시 공간에서는 이를 충족시킬 수 있는 대안이 가능하다. 걷거나 자전거를 이용할 수 있으며 대중교통은 면적당 승객이 더 많을 때 효과적이다. 결국 사람들을 더 많이 걷게 하고 자전거를 타게 하려면 도시의 팽창을 억제하면서 밀집되고 쾌적한 도시환경을 조성해야 한다. 조사에 의하면 도심에 사는 사람은 교외에 사는 사람과 비교할 때 운전거리는 3분의 1이 적고 운전속도는 2분의 1이 느린 것으로 나타났다. 집과 상점, 그리고 사무실이 가까이 있도록 도시를 설계하려면 용도지역규제법(Zoning Code)을 수정해야 한다. 또한 세법과 토지이용규제를 개정하여 기존 도시 내에 있는 유휴지(遊休地)를 개발하려는 건설업자를 지원하고, 오히려 근교의 농지와 숲을 개발하여 주택단지나 상업지역을 만드는 것은 억제해야 할 것이다.

최근 북미에서는 자전거친화정책이 상당히 진전을 보이고 있다. 자전거 운전자와 걷는 사람을 위하여 거리를 다시 설계하고 있고, 버스에 자전거를 실을 수 있도록 대(臺)를 설치하고 있으며, 약 40개 도시에서는 누구나 자전거를 무료로 탈 수 있도록 자전거에 특별한 표시를 하여 마련해두고 있다. 그리고 경찰서에서는 자전거를 타고 출동하는 대기조를 형성하여 효율적으로 활동하고 있다. 이러한 사실을 볼 때 서서히 자전거라는 이동수단에 애정을 보이고 있음을 알 수 있다.

북미에서 가장 눈에 띄는 자전거친화정책은 최근에 통

과된 ISTEA이다. 이 법에 따라 연방정부에서는 교통사업 보조금의 1퍼센트를 보행자와 자전거 운전자를 위해 사용하도록 하고 있다. 즉, 모든 주 정부에 자전거와 보행자 관련 업무를 담당하는 공무원직제 신설, 그리고 자전거 전용차선, 자전거 주차시설 건설 등에 사용하고 있는 것이다. 그러나 이러한 조치들은 다른 나라와 비교해 볼 때 매우 초라한 느낌이다. 예를 들어 네덜란드는 도로 예산의 10퍼센트를 자전거 시설을 지원하는 데 지출한다.

북미 대부분의 도시와 교외의 도로는 여전히 자동차를 타지 않는 사람에게는 매우 적대적이고 무질서한 팽창을 계속하고 있다. 따라서 집 근처의 쇼핑몰을 걸어서 가거나 자전거로 간다는 것은 위험을 무릅쓴 용기 있는 행동이라고 할 정도이다.

자전거는 단순성, 동력, 그리고 환경 면에서 자동차가 가지고 있지 않은 많은 장점을 가지고 있다. 그러한 면에서 지구를 살리는 7가지 불가사의한 물건의 하나라고 할 수 있다. 그럼에도 불구하고 아직 자동차로 할 수 있는 여러 가지 일을 자전거로도 할 수 있다는 생각에 사람들은 익숙하지 않다. 그러나 이제 과감히 생각을 바꾸어야 한다. 왜냐하면 지구 환경을 보호하기 위해서 근본적인 문제를 해결하려고 할 때 반드시 필요한 일이기 때문이다. 궁극적으로 지구온난화를 해결하려면 선진 국가에서 배출되는 온실가스량을 90퍼센트 이상 감소시켜야 한다. 또한 수많은 생물종이 생태계에서 사라지는 것을 막기 위해서는 생태계가 무분별한 개발에 의해 뒤덮이고 단편화(斷片化)되는 것을 막아야 한다. 신기술 개발로 자동차 배기가스가 아무리 깨끗해진다 해도 자동차 수가 늘어나고 포장도로가 확장된다면 결코 이러한 목표를 달성할 수 없다. 그러므로 자전거나 버스를 이용하고 걷기를 주로 하는 밀집형 도시 건설이 우리가 지향해야 할 가장 중요한 목표이다.

영국의 작가 웰스(H. G. Wells)는 이미 반세기 전에 이러한 상황을 예측하고 "나는 자전거를 타고 가는 어른을 볼 때마다 인류의 미래에 대한 희망을 가진다."라고 표현하였다.

●──지구를 살리는 두 번째 불가사의
콘돔

전 세계적으로 하루에 1억 번의 성관계가 이루어진다고 한다. 수백만 쌍의 남녀에게 성은 큰 즐거움이 되기도 하지만 최소한 35만 명의 사람들은 상대방에게서 병을 옮는다. 또한 하루에 전 세계적으로 100만 명의 여성이 임신을 하는데 그 중에서 반은 원하지 않는 임신이다.

오늘 하루에도 1세기 전에 발명된 간단한 도구가 수천 명을 성병과 원하지 않는 임신에서 구해내고 있다. 그 도구가 바로 콘돔이다. 콘돔은 가장 많이 사용되는 피임 방법은 아니지만 금욕에 이어 두 번째로 피임 효과가 좋다. 클라미디아감염증, 매독, 후천성면역결핍증(Acquired Immune Deficiency Syndrome, AIDS) 같은 질병이 전염되는 것을 막아준다. 아마 6번에 1번 꼴로 사람들은 성관계시 콘돔을 사용할 것이다.

별로 보잘것없어 보이지만 콘돔은 좋은 효과 때문에 많은 사람들에게 사랑을 받는다. 콘돔 판매가 증가하기 시작한 것은 1980년대 AIDS가 부각되면서부터였다. 예를 들어 1994년 미국인이 사용한 콘돔은 모두 4억 5000만 개이다. 그리고 미국의 원조기관인 AID(Agency for International Development)는 일년에 4억 5000만 개가 넘는 콘돔을 해외로 수출하고 있다. 예전에는 약국에서만 콘돔을 구할 수 있었지만, 이제는 슈퍼마켓, 편의점, 할인매장, 광고, 카탈로그, 인터넷을 통하여 쉽게 구할 수 있다. 로드아일랜드 주에서는 차를 타고 가다가도 원하면 어디서든 콘돔을 구할 수 있다. 따라서 전 세계적으로 콘돔 사용은 이제 책임감 있는 성관계의 규범이 되었다.

콘돔은 20세기말 인류가 직면한 성병, 임신, 그리고 인구폭발을 동시에 막아준다. 1온스의 몇 분의 일밖에 되지 않는 작은 콘돔이 엄청난 일들을 해내고 있는 것이다.

AIDS는 역사상 유례가 없는 가장 무서운 전염병이다. 새로운 치료법이 개발되고 있지만, 에이즈는 결코 통제되고 있는 것이 아니다. 1997년 통계를 보면 전 세계에서 200만 명 이상이 에이즈로 사망했고, 거의 600만 명이 에이즈를 일으키는 인체면역결핍바이러스(Human Immunodeficiency

Virus, HIV)에 새로이 감염되었으며, 100명의 성인 중 1명이 에이즈 보균자이다. 중남미에서는 에이즈로 사망하는 사람이 교통사고로 사망하는 사람보다 훨씬 많다. 10여 개 아프리카 국가에서는 성인인구 중 최소한 10퍼센트가 에이즈 바이러스에 감염되어 있다. 그리고 중앙 아프리카의 보츠와나(Botswana)와 짐타브웨(Zimbabwe)에서는 놀랍게도 4명의 성인 중 1명이 HIV 양성 반응자이다.

의료진료 사정이 훨씬 양호하며 많은 에이즈 환자가 값비싼 항(抗)바이러스 치료약을 감당할 수 있는 북미에서도 에이즈는 주요 사망원인이 되고 있다. 1997년 현재, 에이즈는 24~44세 사이의 미국인이 사망하는 가장 큰 원인이다. 인구비율로 비교하면 미국은 캐나다보다 3배나 에이즈 환자가 많다. 그러나 두 나라에서 에이즈에 높은 비율로 감염되는 인구집단은 흑인과 히스패닉, 그리고 원즈민 인디언 같은 소수민족으로 이들은 양질의 의료혜택을 받지 못하고 있다.

사실 에이즈는 콘돔이 막을 수 있는 여러 가지 성병 중 하나에 불과하다. 따라서 미리 예방할 수 있는 것이다. 무의식적으로 대비하지 않은 성관계로 질염, 클라미디아, 매독, 임질 등과 같은 성병이 매년 북미에서 1400만 명, 그리고 전 세계적으로 4억 명이 전염되고 있다. 성병은 많은 면에서 치명적이다. 성병에 걸리면 염증을 일으키고 조직이

손상되기 때문에 성관계시 HIV에 감염될 가능성이 크다. 또한 불임, 유산과 사산을 유발시키며, 신생아에게 폐렴을 옮길 수도 있다. 성병은 자궁암의 가장 큰 원인이기도 한데 자궁암은 출산 중에 치명적인 빈혈을 초래하기도 한다.

임신은 인구증가에 기여하며 인구증가와 관련된 모든 생태적인 피해를 유발하는 원인이기도 하다. 특히 여성들 자신이 가장 큰 피해를 입고 있다. 전 세계적으로 1분에 1명의 여성이 임신 중에 또는 출산과 비위생적인 유산으로 인한 후유증 때문에 사망한다. 세계보건기구(World Health Organization, WHO)의 마무드 파탈라 (Mahmoud Fathalla)는 "출생률을 조정하지 않으면서 여성의 인권을 이야기한다는 것은 수사(修辭)에 불과하다. 스스로 성(性)을 조절하고 통제하지 못하는 여성은 교육을 끝까지 받을 수 없으며, 어렵게 얻은 직장을 계속 다닐 수도 없다. 또한 미래를 선택할 폭도 좁다."라고 말했다.

미국은 다른 선진국에 비하여 원하지 않는 임신율이 상당히 높다. 심지어는 10여 개 개발도상국보다 더 높다. 미국 여성 중 절반 이상이 원하지 않는 임신을 하고, 출생아의 44퍼센트는 조산(早産)이거나 원하지 않는 출산을 하고 있다. 캐나다는 원하지 않는 출생아의 비율이 25퍼센트로 미국보다는 낮다. 사람들은 흔히 부적절한 피임 때문에 발생하는 문제가 개발도상국가에만 있다고 생각하는데 결코 그렇지 않다. 왜냐하면 북미대륙에서 태어나는 아기는 개발도상국가에서 태어나는 아기에 비해 일생 동안 25배나 더 많은 지구자원을 소비하기 때문에 인구증가는 개발도상국가뿐만 아니라 미국에서도 문제가 되는 것이다.

많은 유럽국가는 인구증가율이 안정되고 있거나 심지어는 줄어드는 곳도 있다. 하지만 미국의 인구는 1990년대 매년 1퍼센트씩 증가하였다. 다시 말해 매년 캔자스 주의 인구만큼 늘어난 셈이다. 인구의 자연증감(즉 출생률 – 사망률)이 인구성장의 3분의 2를 차지하고, 이민에 의한 증가가 3분의 1을 차지한다. 캐나다 역시 일년에 1퍼센트씩 인구가 증가하는데, 이러한 증가율은 노바스코샤 주의 인구만큼이 3년에 한 번씩 불어나는 것으로 자연증감에 의한 인구증가는 절반에 조금 못 미친다. 물론 이민은 국지적으로는 영향을 미치지만 지구 전체의 인구를 늘리는 것은 아니다. 지구상의 인구는 매년 8300만 명이 증가하고 있다.

》 콘돔의 부작용

콘돔은 대개 정자를 죽이는 'nonoxynol-9'라는 물질을 포함하고 있는데, 이 화학물질은 정자와 병균뿐만 아니라 병균을 견제하는 이로운 세균까지도 함께 죽인다. 그 결과

nonoxynol-9로 코팅한 콘돔을 정기적으로 사용하면 여성이 비뇨기관 감염에 걸릴 확률이 3배나 높다. 통계에 따르면 여성의 절반이 30세가 되기 이전에 최소한 한번은 비뇨기관 감염에 걸린다고 한다. 미국에서만 매년 비뇨기관 감염에 걸린 여성이 700만 명인데, 이를 치료하는 데 드는 의료비용은 최소 10억 달러에 달한다.

하지만 콘돔을 사용하지 않았을 때 나타나는 원하지 않는 임신이나 임질은 비뇨기관 감염보다 훨씬 부작용이 크다. 그러므로 콘돔 사용자는 어떤 종류의 콘돔을 사용할 것인지 깊이 생각해야 한다. 최근 nonoxynol-9가 인체에서 에스트로겐 호르몬을 흉내내는 이른바 환경호르몬의 일종이라는 연구 결과가 나왔다.

환경호르몬에 대한 연구는 최근 활발히 진행되고 있는데 지금까지 밝혀진 바에 따르면 환경호르몬은 매우 낮은 농도에서도 기형아를 출생하고 출산율을 감소시키는 등 다른 심각한 부작용을 일으킬 수 있다고 한다.

nonoxynol-9과 같은 환경호르몬에 대한 연구가 계속되고 있는 한, 정자를 죽이는 물질과 관련된 건강상의 위험을 피하고자 한다면 콘돔 사용자는 보통의 윤활제를 바른 콘돔을 사용해야 한다. 물론 윤활제를 바르지 않은 콘돔을 사용해도 비뇨기관 감염을 일으킬 수 있다. 그리고 임신을 최대한 예방하려면 콘돔이 찢어지지 않도록 주의하고 정액이 밖으로 흘러나오지 않도록 조심해야 한다. 또한 임신을 완벽하게 예방하려면 다른 피임방법과 함께 콘돔을 사용하면 된다.

근래에 여성의 지위가 사회적, 경제적으로 향상되자 피임 방법 또한 다양해져 인구증가가 둔화되고 있는 추세이다. 그러나 아무리 피임 방법이 다양해졌다 해도 콘돔을 이용한 피임은 더욱더 보급되어야 한다. 대략 추산해 보면 하루에 이루어지는 약 1억 회의 성관계 중에서 약 절반만이 콘돔을 사용하고 있다. 최근 미국에서 연구한 결과에 따르면, 여러 상대와 성관계를 가지는 사람 중에서 콘돔을 전혀 사용하지 않거나 또는 불규칙적으로 사용하는 사람이 콘돔을 항상 사용하는 사람보다 11대1의 비율로 훨씬 많았다. 캐나다에서도 이와 비슷한 연구가 있었는데 콘돔을 사용하는 사람이 약 50퍼센트로 미국보다는 높다.

피임이 세계 어디서나 손쉬운 것은 아니다. 적당한 피임 방법을 몰라 피해를 보는 남녀가 아마 전 세계적으로 5억 쌍은 될 것이다. 미국에서는 매년 예산을 지원하고 있는데도 불구하고 가족계획 예산은 1980년과 1992년을 비교해 보면 70퍼센트가 감소된 실정이다. 예를 들어 가임 연령에 도달한 미국 여성 중 대부분이 사설 건강보험에 가입하고 있는

데 불임수술만이 보험 혜택을 받는다. 또한 미국의 많은 건강보험은 남자가 성관계 전에 먹는 비아그라에 대해서는 보상하지만, 임신을 방지하기 위해 사용하는 콘돔에 대해서는 보상해 주지 않는다.

가족계획과 출산 관련 건강서비스가 좀더 효과적이려면 보험회사들은 피보험자가 스스로 피임 방법을 선택할 수 있도록 지원해야 한다. 콘돔은 경구피임약이나 루프를 사용했을 때 나타나는 부작용이 전혀 없고 불임수술처럼 복원이 불가능하지도 않다. 단지 실패율이 약간 높다는 단점이 있다. 콘돔을 사용하는 첫해에 실패로 임신하는 여성은 6명 중의 1명 꼴로 보고되었지만, 이처럼 실패율이 높은 것은 콘돔을 가끔 사용하거나 제대로 사용하지 않기 때문이다. 예를 들어 영국의 어느 기관이 성인 남성을 대상으로 콘돔 사용법에 관하여 조사를 하였는데 5명 중 1명이 콘돔을 제대로 사용하고 있지 않았다. 그러므로 콘돔의 효과를 향상시키려면 사람들에게 올바른 콘돔 사용법을 교육시켜야 한다. 특히 찢어지거나 흘리지 않는 방법을 가르쳐야 한다. 따라서 콘돔을 제대로 꾸준히 사용하면 실패율은 2퍼센트 미만이 될 것이다.

피임을 잘못하여 임신을 하는 확률은 미국이 다른 선진국보다 의외로 더 높다. 그 이유는 교실 밖에서는 성에 대해

자유롭게 이야기하지만 정작 교실 내에서는 성에 대한 이야기가 아직도 금기(禁忌)시되고 있기 때문이다. 따라서 학교 내 성교육이 좀더 실질적으로 활성화되어야 할 것이다.

미국은 많은 예산을 지원하여 금욕만이 산아제한을 위하여 가장 효과적인 방법이고, 결혼 외의 성관계는 심리적으로 신체적으로 해를 끼칠 수 있다고 교육하고 있다.

금욕은 물론 가장 효과적인 피임 방법이고 성병을 확실하게 예방할 수 있다. 그러나 하루에 1억 번이나 이루어지는 성행위의 당사자에게 그러한 사실을 말할 수 있을까?

콘돔은 지구를 살리는 7가지 불가사의한 물건 중에서 유일하게 한번 쓰고 버리는 것이다. 하지만 대부분의 일회용 상품과는 달리 콘돔은 위생상의 문제 때문에 어쩔 수 없이 한 번 사용하고 버리는 것이다. 다행히 콘돔은 자연산 고무인 라텍스로 만들어지기 때문에 합성고무와 비교하면 생태적인 피해가 훨씬 적다. 예를 들어 합성고무 1톤을 만들려면 최소한 3톤의 석유가 소비된다. 그리고 합성고무는 자연산 라텍스가 지니고 있는 강도와 탄력성이 부족하다 그런데 콘돔은 이러한 강도와 탄력성이 꼭 필요하다.

아마존의 밀림에서 고무즙을 채취하는 것은 환경적으로 전혀 해롭지 않은 행위이지만, 서남아시아에서는 단일경작체계이기 때문에 고무농장이 열대림을 교체하고 있다. 콘돔을 만들려면 천연의 라텍스를 가열한 후 가황 처리한 다음 다른 첨가제를 첨부한 후 성기모형의 유리튜브를 두 번 용액에 담그는 과정을 거친다. 고무 생산이 지구의 생태계에 미치는 영향은 약간 있겠지만, 콘돔이 끼치는 영향은 미미하다고 볼 수 있다. 왜냐하면 자동차 바퀴 하나에 들어가는 고무로 콘돔을 1100개나 만들 수 있기 때문이다.

    콘돔의 포장은 환경적인 측면에서 볼 때 개선의 여지가 많다. 시애틀 시내에 있는 한 약국에서 조사를 실시하였는데 27종의 콘돔 중에서 오직 하나만이 재활용 포장이고 나머지는 모두 표백한 마분지로 만든 것이었다. 포장 갑 안에 들어 있는 작은 상자와 포장지야말로 의심할 바 없이 내용물인 콘돔보다 훨씬 더 환경적으로 해롭다. 그러나 궁극적으로는 콘돔의 포장지 때문에 발생할 수 있는 환경적인 피해는 콘돔의 사용으로 인하여 원하지 않는 임신과 성병을 방지할 수 있는 환경적인 장점에 비하면 아주 작은 것이다. 만약 전 세계에서 모든 남녀가 성관계를 가질 때 콘돔을 사용한다면 하루에 1억 개의 콘돔이 사용될 것이며, 콘돔을 만들기 위해서 200톤의 고무와 70톤의 윤활제, 그리고 1,400톤의 포장재료가 소비될 것이다. 그러나 콘돔으로 인한 전 세계의 고무소비량 200톤은 미국에서 하루에 생산되는 1,400톤의 인조고무와 합성고무의 양과 비교하면 매우 적은 양이다.

인류의 미래를 위협하는 심각한 환경문제, 예를 들면 자동차에서 나오는 온실가스로 인한 지구온난화 등을 해결하려면 세계의 인구를 지구가 부양할 수 있는 적정수준으로 억제해야 한다. 인구증가를 억제하려면 무엇보다 미국은 물론 전 세계가 콘돔과 다른 건강 관련 서비스를 좀더 널리 보급해야 한다.

정부는 콘돔과 다른 피임기구를 사람들에게 공급하고 또한 적절한 사용법을 교육시켜서 원하지 않는 임신을 막고 성병의 전파를 방지하기 위해 노력해야 한다. 물론 일차적인 책임은 가족계획을 실천해야 하는 각 개인과 부부에게 있다. 그러므로 사랑을 나눌 때 콘돔을 꼭 사용하자.

● ──지구를 살리는 세 번째 불가사의
천장선풍기 Ceiling Fan

　　시애틀 시는 여름 기후가 온화하다. 그리고 대부분 집에 나무가 있어 바람만 조금 불면 충분히 여름을 날 수 있다. 그래서 시애틀 사람들은 에어컨을 거의 사용하지 않는다. 물론 시애틀만이 빌딩에 에어컨이 거의 없는 유일한 도시는 아니다. 찌는 듯한 열대지방 사람들도 거의 에어컨을 사용하지 않는다. 오히려 그곳에서 에어컨을 발견한다는 것은 매우 의외의 일일 것이다. 그렇지만 적도 근처에 사는 수백만 사람들은 천장에 매달린 천장선풍기를 사용해 무더운 여름을 난다.

　　상당히 최근까지만 해도 선풍기는 미국에서도 인기가 있었다. 1960년 당시 통계를 보면 단지 12퍼센트의 미국 가정만이 에어컨을 사용했다. 그리고 1973년경까지만 해도 많은 가정이 창문을 열어놓고 선풍기를 돌려서 더위를 이겨냈다. 하지만 오늘날 미국에서는 새로 짓는 거의 모든 집에 에어컨을 설치하고 있다. 캐나다는 미국보다 북쪽에 있기 때문에 에어컨이 미국만큼 보급되어 있지 않다. 1975년 당시 캐나다의 에어컨 보급률은 12퍼센트였고 최근에는 29퍼센트로 상승하였다. 미국은 전기료가 상대적으로 싸서 4분의 3의 가정이 에어컨을 사용한다. 미국이야말로 아마 매년 여름 세계에서 실내가 가장 시원한 곳일지도 모른다.

그러나 냉방은 결코 싼 가격으로 이루어지는 것이 아니다. 미국에서 에어컨이 차지하는 전기소비량은 전체 전기소비량의 6분의 1이나 된다. 냉장고가 소비하는 전기와 합치면 가정용 전기의 가장 많은 부분을 차지하는 것이다. 한창 더운 여름에는 첨두전기부하량의 43퍼센트를 에어컨이 차지하는데, 이것은 건설비가 10억 달러 드는 200개의 대규모 발전소의 전기생산량과 맞먹는 양이다.

전기는 우리에게 매우 친숙하다. 하지만 전기 소켓에서 흘러나오는 눈에 안 보이는 전기가 산성비와 지구온난화를 일으키고, 연어를 멸종시키며, 핵폐기물과 그 밖의 여러 가지 건강을 해치는 원인이라는 것을 알아야 한다. 북미에서는 전기의 반절을 가장 깨끗하지 않은 연료인 석탄을 태워서 얻는다. 미국의 발전소는 기후를 변화시키는 이산화탄소의 발생량 중 35퍼센트를 차지하며, 산성비를 일으키는 아황산가스 발생량의 70퍼센트를 차지하고 있다. 캐나다에서는 발전량의 15퍼센트를 석탄이 차지하기 때문에 오염이 덜하지만 수력과 원자력발전은 다른 문제를 일으킨다. 록키산맥연구소(Rocky Mountain Institute)에서 연구한 결과 미국 가정에서 평균 사용하는 에어컨 전기를 만들려면 발전소 굴뚝에서 매년 3톤의 이산화탄소를 배출해야 한다고 한다. 단지 여름을 시원하게 보내기 위한 대가로는 너무 엄청난 것이다.

그런데 유감스럽게도 에어컨을 사용하는 사람들이 점점 늘어나고 있다. 미국에서 수출하고 있는 냉난방 관련 상품은 과거 10년 동안 3배로 증가하였는데, 특히 인도에서는 1988년 이후 에어컨 사용이 2배로 늘었다. 인도네시아에서는 영화관이나 택시 안이 너무 추워서 흡사 고기냉동실에 있는 느낌이다. 사실 열대지방에 있는 나라에서 에어컨 사용량이 증가하면 이중으로 해롭다. 왜냐하면 선진국에서는 1996년 이후 오존층을 파괴하는 염화불화탄소(Chlorofluorocarbon, CFC) 사용이 금지되었지만 개발도상국에서 팔리는 에어컨과 냉장고는 2010년까지 염화불화탄소를 사용할 수 있기 때문이다. 대기 중의 CFC 농도는 1999년까지 최대로 증가할 것으로 예측하였는데, 오존층은 21세기말까지 원래 수준으로 회복되지는 못할 것이다. 오존층이 얇아지면 오존홀 현상이 발생하는데 이렇게 되면 환경 문제는 더욱 심각해진다.

모든 사람이 쾌적한 환경에서 생활할 권리가 있다. 그러나 쾌적한 생활이 생태계의 희생을 바탕으로 추구되어서는 안 될 것이다. 이러한 이유에서 천장선풍기는 지구를 살리는 7가지 불가사의한 물건에 포함된다고 할 수 있다. 천장선풍기는 모양도 우아하지만 에어컨이 일으키는 에너지 낭비 문제에 대처할 수 있는 에너지효율이 높은 대안이기도 하다.

선풍기는 약한 바람으로 피부의 수분을 증발시켜 시원함을 느끼게 하는 것이다. 천장선풍기는 부드러운 공기순환을 일으켜서 방을 시원하게 만드는데 공기가 순환하지 않는 방보다 섭씨 5도 정도 시원하다. 선풍기는 또한 매우 적은 전기를 소비하면서도 훌륭한 역할을 해낸다. 선풍기를 가장 강하게 틀면 50~75와트의 전기가 소비되는데, 이 양은 백열전구 한 개가 소비하는 정도이다. 그리고 중형 크기의 에어컨이 소비하는 전기량의 10분의 1 이하에 불과하다. 미국의 평균 전기요금을 적용했을 때 선풍기를 하루에 12시간씩 최대 속도로 돌리면 한 달 전기비용이 1.5달러이고 반면 에어컨은 20달러 이상 든다.

대부분 선풍기 하나만 있으면 충분히 시원하게 보낼 수

있다. 그렇지 않은 경우라도, 선풍기를 에어컨과 함께 사용하면 비용과 효율 면에서 매우 효과적이다. 선풍기를 돌리면서 에어컨 온도조절기를 섭씨 5도 정도 높게 해놓으면 쾌적한 느낌을 얻을 수 있고 냉방비용도 3분의 1 정도 줄일 수 있다. 따라서 지구온난화도 그만큼 막을 수 있는 것이다.

전기가 발견되기 전에 사람들은 더위를 이겨내기 위해 여러 가지 효과적인 방법을 동원해 집을 지었다. 열이 잘 전달되지 않는 두꺼운 벽을 만들었고, 창문과 환기구를 적절하게 배치하였으며, 그 밖의 여러 가지 지혜로운 방법을 동원하였다. 예를 들면 20세기에 뜨거운 사막에 지은 아나사지(Anasazi) 인디언 가옥은 아도비벽돌(굽지 않고 햇볕에 말린 벽돌: 역자 주)을 사용해 벽의 안과 밖의 온도차가 4분의 1정도 밖에 안 된다. 이처럼 건물을 설계할 때 환경과 에너지 효율을 고려한다면 열대기후에서도 에어컨을 사용할 필요가 없다. 캘리포니아 주 데이비스에 있는 퍼시픽가스전기(Pacific Gas and Electric) 회사는 여름 기온이 섭씨 43도까지 오르는 지역에서 당사가 설계한 모형주택을 실험해 보았다. 이 모형주택은 질 좋은 건축자재를 선택하고 창의 위치를 적절히 배치하여 초절연체로 만든 창문을 달았다. 그리고 밝은 색으로 지붕을 칠하고 에너지 효율이 높은 가전제품을 사용하였다. 그 결과 모형 주택은 겉모양은 보통 주택처럼 보이지만 에어컨 없이도 쾌적한 수준으로 온도를 유지하였고 또 이웃 주택에 비해 전기사용료도 80퍼센트나 줄일 수 있었다. 이러한 건축법을 많은 사람이 채택한다면 에너지를 절약한다는 장점 외에도 주택의 건설비도 전형적인 공동주택보다 적을 것이다.

에어컨을 이용한 냉방은 에너지 낭비뿐만 아니라 경제성과 환경오염 측면에서도 너무 많은 비용을 지불하는 분야이다. 하지만 우리가 에너지를 사용하는 냉방, 난방, 조명, 수송, 통신, 제조업 등에서 현재보다 에너지를 덜 사용하면서도 똑같은 효과를 거둘 수 있다. 독일의 뷔페르탈 연구소의 에른스트(Ernst von Weizsäcker) 박사와 록키산맥연구소의 애모리 박사, 로빈스 박사가 쓴 『4배: 부를 2배로 하고 자원 사용을 반절로 하기』라는 책에는 에너지와 자원을 사용하는 목적을 달성하면서도 에너지와 자원을 최소한 4분의 1, 즉 75퍼센트나 줄일 수 있는 방법을 50개의 사례를 통해 설명하고 있다. 그 책은 정말 흥미로운 책이다.

에너지 효율을 몇 배로 높이는 방법이야말로 지구의 기후를 구할 수 있는 열쇠이다. 또한 에너지 효율을 높이는 방안은 제한된 자원이 점점 더 고갈되어 가고 있는 지구에서 개발도상국가들이 적절한 수준의 번영을 달성할 수 있는 유일한 방법이다. 즉, 전체 지구인은 편안하고 밝은 실내에서 더운물과 냉장고를 사용하는 등 현대생활의 여러 가지 혜택을 누릴 수 있다. 하지만 그러한 혜택은 우리가 에너지를 낭비하는 빌딩과 에너지 효율이 떨어지는 가전제품, 그리고 환경적으로 해를 끼치는 발전소를 유지하고 있는 한 누릴 수 없는 것이다. 따라서 에너지 사용에 관한 한 지구인은 세계 평균보다 6배나 더 많은 에너지를 사용하는 미국인을 따라갈 필요가 없다.

▶▶ 탁상용 할로겐 램프의 문제점

미국에서 소비되는 전기의 5분의 1이 조명에 쓰인다. 만일 에어컨을 사용하여 전구가 발생시키는 열을 제거하는 것을 고려한다면 4분의 1을 차지한다. 애모리 박사와 로빈스 박사가 지적했듯이 백열등이란 10퍼센트의 에너지를 빛으로 발산하는 전열기이다.

형광등은 에너지와 전기료를 절감시키는데도 불구하고 에너지를 낭비하는 백열등처럼 널리 사용되고 있지 않다. 1990년대 초반부터 탁상용 할로겐 램프가 조명기기 시장에서 인기를 끌기 시작했다. 할로겐 램프는 기본적으로 5퍼센트의 에너지만을 빛으로 발산하는 섭씨 400도의 전기히터라고 할 수 있다. 현재 미국에서 사용하고 있는 4000만 개의 할로겐 램프는 태양에너지와 풍력으로 발전하는 전기보다 5배나 더 많은 양의 전기를 소비한다. 할로겐 램프는 현재 미국의 총전기소비량의 1퍼센트를 차지하는데 이는 형광등으로 절약한 전기를 낭비하고 있는 셈이다.

안전 면에서도 할로겐 램프는 문제가 있다. 어느 전문가에 따르면 미국에서 할로겐 램프와 관련된 화재가 200건이나 된다고 한다. 이런 병폐 때문에 수많은 대학에서는 할로겐 램프 사용을 금지하고 할로겐 램프를 형광등으로 교체하기 시작하였다. 형광등은 할로겐 램프에 비해 온도는 낮아도 밝기는 똑같으며 전기소비량은 6분의 1에 불과하고 수명은 5배나 더 길다고 한다.

빌딩은 에너지효율을 향상시키는 방안을 실천하기에 가장 좋은 장소이다. 미국에서 빌딩이 소비하는 에너지가 3분의 1이며 전기의 3분의 2를 소비하므로, 전 세계에서 가장 많은 에너지를 소비하는 부문이다. 전형적인 발전소는 소비하는 에너지의 40퍼센트 이하만을 전기로 바꿀 수 있으며 나머지는 굴뚝을 통하여 배출되거나 폐열로 방출된다. 그러므로 가정이나 직장에서 전기를 절약하면 겉으로 드러나지는 않지만 무려 2~3배나 에너지를 절약하는 셈이 된다. 게다가 조명기기와 가전제품을 에너지효율을 고려하여 만들면 이중으로 에너지를 절약할 수 있다. 또한 에너지 절약으로 폐열이 적게 나오면 냉방의 필요성도 줄어드는 것이다.

지붕의 채광창(採光窓)과 천장선풍기, 단열 바닥재에 이르기까지, 빌딩에서 에너지를 절약할 수 있는 방법은 매우 다양하다. 많은 전기회사가 가정에서 에너지 절약을 할 수 있도록 무료 또는 실비로 에너지 점검을 해주고 있는데, 이러한 서비스에 대한 정부의 지원이 삭감되고 있다. 전기회사들은 정부의 규제가 풀린 후 소비자를 끌기 위한 경쟁이 치열해지면서 에너지효율성, 재생 가능 에너지, 저소득층에 대한 보조 등에 대한 투자를 없애고 있다. 규제완화는 소비자들이 자유롭게 전기 공급자를 선택할 수 있기 때문에 에너지 소비자에게는 이익이 되지만, 의회에서 법을 통과시켜서 전력회사들이 에너지 효율성을 향상하고 대체에너지를 개발하는 데 일정한 수준 이상 투자하도록 보장해야만 환경보호에 도움이 될 것이다.

모든 종류의 에너지 향상 방안은 경제적으로 이익이 될 수 있지만 제도적인 장벽과 잘못된 습관 그리고 거꾸로 작용하는 경제정책 등 여러 가지 요인으로 인하여 우리의 경제는 여전히 낭비되고 있다. 북미에서는 높은 정부 보조금과 낭비에 대한 책임을 묻지 않는 현행의 제도 때문에 에너지 가격이 매우 싸다. 따라서 에너지를 절약하려는 사람이 많지 않다. 에너지에 대한 환경세(環境稅)와 개인의 소득과 구매에 대한 세금공제를 적절히 활용하여 개인과 회사가 세탁기, 공장 등 에너지효율을 높이도록 유도해야 할 것이다. 세금정책 또한 기업이 비생산적인 전력소비를 줄일 때 혜택을 주는 식으로 전환해야 할 것이다. 개인의 경우에는 새로운 전구나 가전제품, 그리고 집을 구매할 때 에너지절약 제품을 선택하도록 유도해야 할 것이다.

에너지 효율을 향상시킨다고 해서 반드시 새로운 기술 개발에 투자를 해야 한다는 의미는 아니다. 이미 개발되어 있는 기술을 채택해도 충분하다. 예를 들어 미국의 가정 60퍼센트가 최소한 한 개의 천장선풍기를 가지고 있으며 3개 이상을 가지고 있는 가정도 4분의 1이나 된다. 더울 때 주로 선풍기를 이용하고 부득이한 경우에만 에어컨을 사용한다면 새로운 기술개발에 투자하는 것보다 상당히 많은 에너지를 절약할 수 있다. 그 외에도 에너지를 절약할 수 있는 간단한 방법들이 많다. 예를 들어 실내에서는 신발을 벗고 차가운 음료수를 마시며, 집 주변에 나무를 심어 그늘을 만드는 일 등이 있다. 사무실에서 일하는 사람은 넥타이를 매는 정장을 하면 정장이 아닌 경우와 비교하여 섭씨 3도 정도 더 더우므로, 평상복장을 허용하기만 해도 냉방기기를 구입하는 데 드는 비용을 종업원 1인당 150달러 정도 절약할 수 있고 냉방비용 또한 5달러씩 절약할 수 있다.

지구의 환경문제를 개선하려고 할 때 역설적이며 비극적인 사실은 작은 실천은 작은 성과를 이루기 때문에 관심을 끌지 못한다는 것이다. 굴뚝에서 나오는 엄청난 양의 석탄 연기는 틈이 많은 창문과 벽 너머에 있는 공기를 약간 차게 또는 덥게 할 뿐이다. 수많은 수력발전소에서 만든 전기는 열효율이 낮은 가전제품의 모터나 전구에서 발생하는 열의 일부가 될 뿐이다. 수많은 원자핵 분열반응은 아무도 느끼지 못하는 열을 만든다. 어떤 연구에 의하면 대부분의 미국 가정에서 집을 비우거나 식구가 모두 잠들 때 실내온도를 낮추려고 하는 사람이 거의 없다고 한다. 이러한 역설을 거꾸로 해석하면, 적절한 방안을 실천하는 일, 예를 들면 천장선풍기처럼 에너지를 효율적으로 사용하는 방안을 선택하는 데에는 희생이 따르지 않으며, 오히려 반대로 경제적으로나 정서적으로 보상이 된다. 천장에서 선풍기가 돌아가고 있다면 우리의 생활을 안락하게 만드는 데 전혀 부족함이 없지 않을까?

● ─── 지구를 살리는 네 번째 불가사의

빨랫줄

    수잔(Susan Warner)은 알래스카 주 쥬노(Juneau)에 있는 우림(雨林)지대에 살고 있다. 쥬노는 이틀에 한 번 꼴로 비가 내리거나 일년 내내 흐린 날이 많다. 그러나 수잔의 집에는 빨래 건조기가 없다. 왜냐하면 그녀는 빨래를 햇빛에 말리는 것을 좋아하기 때문이다. 그녀는 접이식 건조대에 빨래를 널거나 정원에 마련한 빨랫줄에 빨리를 널곤 한다. 수잔은 다음과 같이 말한다. "왜 건조기를 안 쓰냐고요? 빨래는 빨랫줄에 널어 두면 저절로 마른답니다. 그러니 굳이 건조기를 쓸 필요가 없죠."

    빨랫줄을 사용하려면 건조기보다 시간과 노력이 더 필요하다. 특히 수잔처럼 한 자녀를 두고 있고 직장까지 다닌다면 더 힘이 든다. 그러나 수잔은 단순하고, 조용하고, 전혀 오염을 일으키지 않기 때문에 빨랫줄에 빨래 달리는 것을 좋아한다. 만일 수잔이 북아메리카에서 가장 비가 많이 오는 도시에 살면서도 빨랫줄을 이용하여 옷을 말린다면 많은 사람이 빨랫줄을 사용할 수 있다. 수잔이 빨랫줄을 즐겨 사용하는 까닭은 빨랫줄을 만드는 데 재료가 적게 들고, 전기가 필요없고, 연료가 필요하지도 않기 때문이다. 또한 빨랫줄로 말린 옷은 냄새가 신선하고, 정전기도 일어나지 않는다. 그리고 빨래를 말리려고 밖에 나가면 날씨가 어떠한지 알 수 있고 지금 어떤 꽃이 피어 있는지 그리고 이웃사람이 누구인지 알 수 있다.

건조기는 전기나 가스를 이용해야 하지만 빨랫줄은 태양과 바람만 있으면 저절로 빨래가 마르기 때문에 돈을 절약할 수 있다. 건조기가 있는 사람이라도 시간이 있고 날씨가 좋은 때에 빨랫줄을 이용하면 역시 돈을 절약할 수 있다. 전형적인 빨래 건조기는 에어컨이나 냉장고보다는 훨씬 전기소비량이 적지만 다른 가전제품보다는 더 많다. 일년에 약 85달러 정도 전기를 소비하는데 수명이 다할 때까지 계산하면 모두 1000달러를 지출하게 된다. 그리고 건조기를 이용하면 옷이 빨리 상한다. 미국인이 옷을 구입하는 데 소비하는 돈을 평균적으로 계산하면 일년에 약 1000달러를 절약할 수 있다. 건조기가 옷을 가열하여 말리면서 옷에 가해지는 피해를 잘 한번 살펴보기 바란다.

슬프게도 빨랫줄은 이제 유행에 뒤쳐져 사라지고 있다. 자동 건조기는 1939년에 처음 만들어졌는데, 1950년대 전후에 가전제품 붐이 일어나면서 인기를 끌기 시작하였다. 1960년대에는 미국 가정의 5분의 1미만, 그리고 캐나다에서는 8분의 1만이 건조기를 사용하였다. 그러나 오늘날에는 미국과 캐나다 모두 4분의 3의 가정에 건조기가 있으며 때때로 빨랫줄을 이용하는 가정은 미국에서 15퍼센트에 불과하다. 많은 아파트 단지와 단독주택단지에서는 주택의 재산가치를 떨어뜨린다고 하여 빨랫줄 사용을 금지하기까지 한다.

    태양과 바람과 지열과 생물량 등을 이용하는 대체에너지는 전 세계적으로 단지 2퍼센트 미만의 에너지를 공급하고 있다고 통계연감에 기록되어 있지만, 실제로 우리는 이러한 대체에너지를 이미 비공식적으로 이용하고 있다. 태양에너지 연구자이자 철학자인 스티브 배르(Steve Baer)는 이러한 현상을 '빨랫줄의 역설'이라고 이름 붙였다. 즉, 당신이 세탁물을 전기 건조기에 넣어 말리면, 건조기가 사용한 전기는 에너지 통계에 잡히지만 대신 빨랫줄을 이용하여 옷을 말릴 때 드는 태양에너지와 풍력에너지는 측정되지 않는다. 물론 태양은 영하 240도가 되는 지구를 가열하여 생물이 쾌적하게 살 수 있는 온도를 유지하는데, 우리는 건물 안에서 실내온도를 몇 도 올리거나 내리는 데 사용하는 에너지만을 에너지 사용량으로 계산할 뿐이다.

빨랫줄이 인기를 잃어 사용자가 줄어들면 그만큼 환경적인 비용이 수반된다. 전형적인 미국의 4인 가족은 일주일에 6번 세탁기를 돌리고 건조기를 사용하는데 연간 전기소비량의 5퍼센트를 소비한다. 전기를 생산하기 위해서 쓰는 여러 연료를 고려하면, 건조기는 평균 일년에 1톤의 이산화탄소를 발생시키는 셈이다. 캐나다에서 사용하는 건조기는 일년에 200킬로그램의 이산화탄소를 발생시키는데, 미국에 비해 발생량은 적지만 강에 미치는 피해와 처리하기 곤란한 핵연료의 발생은 더 많다. 대부분의 건조기에 들어 있는 열선은 한번 세탁물을 건조시키면서 3킬로와트아워의 전기를 소비하는데, 이러한 전기소비량은 60와트 전구를 2일 동안 켜는 것이나 또는 컴퓨터를 일주일간 켜는 것과 맞먹는다. 참고로 미국에서 사용하는 건조기는 20퍼센트가 가스용이다.

대개 가전제품이 그러하듯 건조기 또한 새로운 모델이 출시될 때마다 에너지 효율이 개량되어 나온다. 요즘 나오는 건조기는 습도센서를 사용하여 과거의 타이머가 달린 건조기에 비해 에너지 소비를 15퍼센트나 줄였다. 앞으로 등장할 새로운 초단파건조기는 에너지를 28~40퍼센트까지 절약할 수 있을 것이다. 그러나 어떠한 신기술도 빨랫줄의 100퍼센트 에너지 절약에는 미치지 못한다. 빨랫줄은 태양과 풍력에 의존하기 때문에 전기와 천연가스를 이용할 때 나타나는 모든 환경적 악영향을 피할 수 있다. 빨랫줄은 지구온난화, 산성비, 핵폐기물 등 여러 가지 환경문제를 해결하기 위하여 고대부터 현대에 이르기까지 등장한 다양한 기술 중의 하나이다. 에너지와 관련된 환경문제를 해결하기 위해서는 두 가지 측면에서 접근할 수 있다. 첫째는 에너지 효율성을 높이는 방안을 모색해야 하고, 둘째는 재생 가능한 에너지로 전환하는 방법이다.

다행히 재생 가능한 에너지는 거의 무한한 양이 존재하며, 실용화하는 비용도 매우 적어지고 있다. 지구가 태양으로부터 1시간 15분 동안에 받는 에너지는 인류가 일년간 사용하는 에너지 총량과 같은 양이다. 만일 미국에서 모든 주택의 지붕에 태양에너지 집열판을 설치한다면 미국의 총에너지 수요의 2분의 1에서 4분의 3 정도를 공급할 수 있을 것이며, 풍력을 최대한 이용한다면 미국의 전기 소비량의 1.5배를 공급할 수 있을 것이다. 이처럼 태양에너지와 풍력을 잘 이용할 수 있다면 세계 에너지 수요의 상당 부분을 해결할 수 있을 것이다.

빨랫줄은 우리 주변에서 재생 가능한 에너지인 태

양과 바람을 가장 손쉽게 이용하는 방법이다. 물을 데워서 빨래감을 한번 세탁하는 데 소비되는 에너지는 그 빨래를 건조기로 말리는 데 소비되는 에너지의 2배가 든다. 미국에서 물을 데우는 데 소비되는 에너지는 가정에서 소비되는 총에너지의 20퍼센트를 차지한다. 지붕에 설치한 태양열 온수보급장치는 태양을 이용하여 데운 물을 대류작용을 이용하여 물탱크에 저장시킨다. 이처럼 원리는 간단하지만 초기 투자비용을 회수하려면 대개 몇 년이 걸린다. 이스라엘에서는 거의 100만 개의 태양열 온수공급기를 설치하여 약 80퍼센트의 가정에 온수를 공급하고 있다.

태양에너지를 이용하면 주택과 건물은 난방, 요리, 조명, 전력 등을 공급할 수 있다. '수동적 태양에너지'를 고려하여 창문의 위치와 발코니 위치를 적절히 조정하여 설계하면 난방과 냉방에 드는 비용을 최소화할 수 있다. 구름이 많이 끼는 태평양 북서부(Pacific Northwest) 지역에서도 수동적 태양에너지 설계를 채택하여 주택을 짓는다면 실내 난방 에너지의 65퍼센트를 공급할 수 있다.

전 세계적으로 50만 가구는 얇은 반도체로 만든 태양전지를 이용하여 직접 태양에너지를 전기에너지로 전환시킨다. 우리가 흔히 사용하는 계산기 또한 태양전지가 동력을 공급하는 것이다. 태양전지는 세계의 전기공급량으로 따져

보면 미미하지만 1990년 이후 거의 3배로 증가하였다. 판매가 늘어나자 생산단가는 급격히 떨어지기 시작하였지만 아직도 태양전지로 만드는 전기는 가격이 너무 비싸서 교통이 불편한 오지를 제외하고는 경쟁력이 없다. 하지만 태양전지 개발기술이 급속도로 향상되고 있어 많은 다국적기업이 수백만 달러를 투자하고 있다. 그럼에도 불구하고 빨래건조기와 에너지 낭비형 건물이 빨랫줄과 수동적 태양에너지 이용을 대체하고 있으며, 전 세계의 총에너지 이용량에서 태양에너지가 차지하는 부분은 감소하고 있다.

대류권에서 이루어지는 공기 순환은 태양에너지가 지상에 도달하는 양이 다르기 때문에 나타나는 기압차에 의하여 일어난다. 공기 순환에 의한 바람을 이용하여 인류는 풍차를 돌리고, 돛단배를 사용하는 등 다양한 형태로 수백만 년 동안 태양에너지를 이용해 왔다. 수동적 태양에너지 이용 기술을 적용하여 빌딩을 설계할 때 중요한 것은 바람의 방향을 어떻게 이용하느냐이다. 예를 들어 집을 지을 때 창문을 양쪽 방향으로 내면 통풍이 잘 되기 때문에 풍력에너지를 잘 이용할 수 있다. 이층집일 경우 일층의 앞쪽 창문을 열고 이층의 계단 쪽에 창문을 열어두면 '열의 굴뚝'이 생겨나서 미풍이 부는데, 이것은 따뜻한 공기가 위로 올라가고 무거운 찬 공기가 아래를 채우는 대류작용을 이용한 것이다.

풍력에너지를 좀더 유용하게 활용하려면 풍력터빈을 돌려 전기를 만들어 내는 것이다. 풍력을 이용한 전기는 전 세계 전기생산량의 1퍼센트 미만이지만, 풍력전기는 매년 25퍼센트의 비율로 증가하고 있어서 세계에서 가장 급격히 성장하는 에너지 분야이다. 미국에서 사용하는 풍력전기의 가격은 원자력보다 싸고 석탄과도 경쟁할 수 있는 수준이 되었다. 또한 유럽의 일부 지역에서는 이미 풍력이 총전기공급의 5~10퍼센트를 담당하고 있다.

현대의 풍력터빈은 이전의 터빈에 비해 소음이 거의 없어 300야드 밖에서는 들리지 않는다. 자연보호단체는 풍력발전소가 조류생태계에 위험을 준다고 염려하지만, 최근 유럽에서 발표된 연구에 의하면 풍력발전기를 설계할 때 위치만 잘 정하면 새들에게 별다른 위험이 없다고 한다. 네덜란드의 환경부에서 수행한 연구에 의하면 오히려 전선줄이 풍력터빈 자체보다 새들에게 더 위험하다고 한다.

재생 가능 에너지를 실현하려면 각 개인이 빨랫줄을 사용하고 지붕 위에 집열판을 설치하는 것만으로는 충분하지 않다. 시장 규모를 확대하여 생산비용을 낮추려면 정부가 대규모 투자를 해야 한다. 미국의 에너지성(省)은 최근 '100만 태양지붕' 정책을 수립하여 100만 빌딩 지붕에 태양에너지 집열판을 설치하려고 했으나 재정이 부족하여 중단하고 말았다. 이와는 대조적으로 일본 정부는 태양전지 시장을 선점하기 위하여 최대 규모의 에너지 정책을 추진하였는데, 1997년 1억 3000만 달러를 투입하여 9000여 가정에 집열판을 설치하였다. 이러한 일본의 정책 하나만으로도 세계의 태양전지 시장 규모는 3분의 1이나 확대되었다. 또한 샤프(Sharp), 산요(Sanyo), 캐논(Canon)과 같은 회사들은 태양전지 생산시설을 대규모 확장하였다. 일본 정부는 2000년까지 7만 가정에 태양전지를 설치한다는 목표를 설정하였다.

　산업국가들이 대기권에 가하는 엄청난 피해를 줄이려면 재생 가능 에너지로 전환하여 화석에너지를 줄이는 정책을 시행해야 한다. 또한 산업국가들은 개발도상국가들이 사용하고 있는 화석에너지에 대한 대안을 수립하여 지구의 기후를 안정시켜야 한다. 그렇지 않으면 아직도 전기 혜택을 받지 못하는 20억 인구와 전기를 더 필요로 하는 수십억 인구는 에너지 수요를 충당하기 위하여 환경오염이 심한 석탄에 의존할 수밖에 없다. 그렇게 되면 21세기에도 여전히 에너지문제는 인류를 위협할 것이다.

　유럽국가는 화석연료 사용을 줄이기 위해 화석연료에 탄소세를 부과하는 정책을 시행하였다. 그러나 미국과 캐나다는 오히려 화석연료 가격을 인위적으로 낮추어 대체에너지 개발에 대한 투자를 장려하지 못하고 있다. 미국은 직접적인 보조금과 세금감면 등 일년에 180억 달러를 화석연료에 지원하고 있고, 캐나다는 석유와 가스사업자에게 연간 미화로 60억 달러에 해당하는 세금혜택을 지원하고 있다. 캐나다 인구 1인당 캐나다 달러로 환산하면 290달러에 해당한다.

간단히 말해, 만약 에너지사업 투자자와 에너지 소비자가 세금이나 다른 수단을 통하여 화석연료가 일으키는 환경오염과 건강상의 피해, 그리고 기후변화가 일으키는 피해에 대한 비용을 가격에 반영한다면 재생 가능 에너지는 쉽게 에너지시장에서 경쟁력을 발휘할 것이다. 그렇게 되면 북미대륙 곳곳에는 빨랫줄이 민들레보다 더 많을 것이며 에너지 효율성이 높고 더운물 사용량이 적은 전방부하형(front-loading) 세탁기가 인기를 끌 것이다. 그렇게 되면 현재 사용하고 있는 상부부하형(top-loading) 세탁기는 에너지 낭비가 심하기 때문에 구시대의 유물이 되어 사라질 것이다.

예전에는 빨래를 빨랫줄에 널어 말리는 방법 외에는 에너지 선택의 여지가 별로 없었다. 그러나 이제는 사정이 바뀌고 있다. 전력산업에 대한 규제를 완화하여 재생 가능 에너지 공급을 활성화한다면, 소비자는 한 달에 몇 달러만 더 지불하고서 재생 가능 에너지로 만든 전기를 선택할 수 있다. 1998년 몇몇 회사가 시장성을 알아보기 위하여 약간 비싼 녹색전기(석탄이나 원자력발전으로 만든 전기가 아니고 재생 가능 에너지로 만든 전기)를 선보였다. 그러나 녹색 마케팅이라고 해서 모든 게 순조로운 것만은 아니었다. 예를 들어 본빌 전력회사(Bonneville Power Administration)는 컬럼비아 강 유역의 수력댐에서 만든 전기를 '환경자원신탁(Environ-mental Resource Trust)'이라는 이름으로 캘리포니아 소비자에게 판매하였다. 그러나 미국 북서지역의 많은 환경주의자들은 이러한 수력댐 중에서 4개를 헐어서 멸종위기에 처한 연어를 살려야 한다고 주장하고 나선 것이다.

　이처럼 에너지정책과 경제성, 그리고 기술개발 등이 복잡하게 얽혀 있는 현실에서 단순한 빨랫줄은 지구에 부담을 주지 않고 우리의 욕구를 충족시킬 수 있는 대안이라고 할 수 있다. 1997년 학생운동가들이 버몬트 주의 미들베리 대학(Middlebury College)에서 핵발전 반대시위를 하고 있을 때, 뉴잉글랜드의 학생들은 항의의 표시로 옷을 빨랫줄에 걸었다. 그들은 지속 가능한 사회는 우리의 뒷마당에서부터 시작된다는 메시지를 분명하게 전하고 있는 것이다.

● ─── 지구를 살리는 다섯 번째 불가사의

타이국수

나는 요즘 타이 레스토랑에 자주 간다. 그리고 그곳에 가면 늘 똑같은 음식을 주문한다. 원래 땅콩소스를 살짝 뿌린 샐러드와 맵고 신 수프, 그리고 카레라이스를 좋아하는데 '패드타이(Pad Thai)'라는 광고 노래가 흘러나오면 나도 모르게 홀린 듯이 타이국수를 주문하고 만다. '패드타이'라는 단어는 그저 '타이 국수'를 의미한다. 타이국수는 향긋하고 단맛이 있어 타일랜드 사람들이 가장 많이 먹는 요리이자 세계 각지에 있는 타이 레스토랑에서 가장 많이 팔리는 요리이기도 하다.

타이국수는 쌀국수에 마늘과 달고, 시고, 짜고, 향긋한 양념을 적당히 섞어서 기름에 튀겨낸다. 거기에 소스를 얹어 여러 가지 채소를 섞어 먹는 것이다. 취향에 따라 닭고기나 새우, 두부를 섞어 먹기도 한다. 전통적인 타이국수는 생선으로 만든 소스, 타마린드 열매, 종려설탕을 넣어 만드는데 요즘에는 취향에 따라 케첩을 넣어서 만들기도 한다. 타이국수는 언제 먹어도 그 맛이 한결같다.

타이국수는 많은 사람들이 좋아하는 음식이다. 미국에서 아시아 음식이 유행하자 식품산업을 분석하는 전문가들은 아예 이를 1990년대의 새로운 경향이라고 간주하였다. 북미대륙에는 번화한 도심이나 교외에 국수집 등 아시아 음식점이 우후죽순처럼 생겨나고 있다. 미국에서 아시아 음식점이 올리는 매출은 1984년부터 1995년 사이에 거의 4배로 증가하였으며, 전통적인 슈퍼마켓과 체인업체인 TGIF 그리고 치즈케이크식당(Cheesecake Factory) 등에서도 점점 아시아 전통 음식과 요리를 취급하고 있다.

타이국수는 한마디로 지구를 살리는 불가사의한 물건이라고 할 수 있다. 그 이유는 쌀과 채소로 만들기 때문에 영양이 많고 지방질이 적으며 미국인이 먹는 음식에 비하여 환경적인 부작용이 적기 때문이다. 물론 아시아인들도 고기를 먹는다. 하지만 그들이 먹는 양은 미국인보다 훨씬 적다. 또한 타일랜드인 한 사람이 먹는 고기의 양도 평균적으로 미국인보다 5분의 1 이하로 적다. 생선은 미국인보다 약간 더 많이 먹지만 타이 사람들이 미국 사람보다 훨씬 많이 먹는 것은 쌀이다. 한 사람이 매일 0.454

킬로그램 이상을 먹는다. 미국인은 일년에 11킬로그램의 쌀을 먹는데, 이것은 일년 동안 마시는 맥주 양의 6분의 1에 불과하다. 30억에 달하는 아시아인은 주식으로 쌀을 먹고 있다. 그러므로 쌀은 지구에서 가장 인기있는 식량이라고 할 수 있다.

세계 인구의 절반을 차지하는 아시아인은 칼로리의 10퍼센트를 동물식품에서 얻는다. 서구인은 고기 중심의 식사를 하는데 아시아인은 쌀을 중심으로 한다. 중국, 한국, 그리고 방글라데시 사람들은 아침에 만나 인사를 나눌 때 '진지(쌀밥)는 잘 드셨어요?'라고 묻는다. 그들에게는 이 인사가 정중한 인사법이다. 한국과 중국, 일본에서는 아침, 점심, 저녁 하루 세 번 밥을 위주로 한 식사를 한다.

식사와 질병에 대하여 연구한 결과 식단이 곡물 중심인 아시아인들은 육류 중심인 북미인에 비하여 훨씬 더 건강하다고 한다. 중국과 옥스퍼드 대학 그리고 코넬 대학이 협력하여 조사한 연구(이하 중국 프로젝트)에서는 중국의 농촌에 사는 6500명의 식사습관을 추적 조사한 결과 중국인은 미국인에 비하여 지방은 3분의 2 적게, 단백질은 5분의 1 적게, 그러나 섬유질은 3배 더 많이 섭취하고 있음을 발견하였다. 이러한 식사법의 차이는 건강상의 차이로도 알 수 있다. 즉, 중국인은 콜레스테롤 수치가 훨씬 낮고 심장병, 뇌일혈, 당

뇨병, 유방암, 결장암 등 성인병 발병률이 훨씬 낮았다. 동물성 단백질을 섭취할 때 흡수되는 과다한 지방질은 이른바 '풍요병'의 주범으로 알려져 있다. 과다한 단백질 섭취는 신장이 칼슘을 용출하도록 작용하기 때문에 골다공증에 걸릴 가능성이 크다. 중국에서는 낙농제품이 거의 알려져 있지 않아 골다공증 역시 매우 드물다.

연구자들은 또한 많은 중국인들이 경제발전에 따라 그들의 전통적인 식사인 저지방, 저육류의 식사 대신 고기를 많이 먹는 식사로 바뀌자 질병이 늘어남을 발견하였다. 아시아 음식이 미국에서 유행되고 있는 것처럼 불행하게도 미국 음식은 아시아에서 인기를 끌고 있다. 예를 들어 함바오(햄버거의 중국식 발음)와 지쉬함바오(치즈버거의 중국식 발음)는 베이징에서 매우 인기가 있다. 베이징에는 종업원 1000명 그리고 금전등록기가 29개나 있는 세계 최대의 맥도널드 햄버거 매장이 있을 정도이다. 중국인이 1인당 소비하는 육류량은 1990년대에 2배로 증가하여 연간 48킬로그램으로 증가하였다. 타일랜드에서는 육류 소비가 그렇게 빨리 증가하지 않아서 아직은 연간 21킬로그램 정도이지만, 서양 음식은 타일랜드에서도 인기를 끌고 있다.

육류를 많이 먹지 않던 사람들이 갑자기 많이 먹으면 여러 가지 만성 질병이 발생할 확률이 훨씬 크다고 한다. 세계

암연구기금(World Cancer Research Fund)과 미국암연구센터(American Institute for Cancer Research)에서 최근 발표한 연구결과를 보면 암을 가장 많이 일으키는 요인은 식사법과 흡연이라고 한다. 특히 많은 개발도상국가는 암치료에 보건예산을 다 지출하고 말 것이라고 한다. 그 이유는 경제가 발전하면 육류 위주의 식생활이 증가하기 때문에 암 또한 증가한다는 것이다. 중국 프로젝트의 연구자인 코넬 대학의 콜린 캠벨(Colin Campbell)은 앞으로 육류를 너무 많이 먹어서 죽는 사람의 숫자는 흡연으로 죽는 사람의 숫자와 비슷해질 것이라고 예측하고 있다.

미국은 세계 제일의 육식국가로 한 사람이 일년에 평균 120킬로그램의 육류를 먹는다. 전형적인 미국인의 식사는 불필요한 것은 너무 많고 필요한 것은 너무 적어 균형을 잃고 있다. 미국인 중 거의 반이 하루에 한번도 과일을 먹지 않고, 4분의 1은 하루에 한번도 채소를 먹지 않기 때문에, 신체에 필요한 비타민, 섬유질, 그리고 암과 싸울 수 있는 산화방지제가 부족하다. 움직임이 적은 의자생활, 지방질이 많은 식사가 어울려 미국인은 대부분 과체중이고 5명 중 1명은 비만증에 시달리고 있다. 캐나다에서는 1인당 육류 소비량이 연간 95킬로그램에 달하며 8명 중 1명은 비만증이라고 한다. 육류 과소비와 관련된 질병으로 미국에서는 1년에 최소한 290억 달러가 의료비용으로 지출되고 있으며 수십억 달러에 달하는 근로자의 생산성 손실을 보이고 있다.

그래도 북미인의 식사는 지난 수십 년 간 향상되었다고 할 수 있다. 미국인들은 1970년대에는 40퍼센트의 칼로리를 지방질에서 얻었는데, 1994년에는 33퍼센트로 감소했다. 미국의 붉은 육류 소비는 1976년에 최고점에 도달하였다가 이후 감소하기 시작하였는데, 1987년에는 닭고기가 쇠고기를 대체하여 가장 많이 소비된 육류가 되었다. 캐나다인의 붉은 육류 소비량은 지난 20년 동안에 25퍼센트 감소하였다.

그러나 지방질 섭취량은 미국암협회가 제시하는 기준인 총칼로리의 20퍼센트 수준보다 훨씬 높으며 중국 프로젝트 연구 결과 제시하는 기준인 10~15퍼센트 수준보다 아직도 2배나 높다. 붉은 육류 대신 흰색 육류로 대신하고 탈지우유를 먹는다고 해서 지방질 섭취량을 반절 이상 줄일 수는 없다. 지방질 섭취를 줄이려면 먹이사슬에서 하위를 차지하고 있는 곡물을 먹어야 하며, 육류는 주식이 아니라 어쩌다 먹는 맛난 음식이어야 할 것이다. 한마디로 곡물과 채소로 만든 타이국수 같은 음식을 많이 먹어야 좋다는 뜻이다.

사실 고기를 먹거나 가축을 기르는 일은 본질적으로 잘못된 것이 아니다. 인류는 오랜 동안 닭, 돼지, 소 등 가축을 길러왔다. 가축은 곡물을 보조하는 식품으로 사람이 먹을 수 없는 풀을 변화시켜 먹을 수 있는 지방질로 바꾸는 생태적인 역할을 담당해 왔다. 오늘날에도 지속 가능한 형태로 운영하는 농장에서는 농업의 필수적인 부분으로 가축을 기르고 있다. 가축은 간작(間作, 비료로 쓰기 위하여 겨울에 클로버 등을 밭에 심는 것: 역자 주), 풀, 그리고 곡식의 찌꺼기를 먹어 치우며 가축의 분뇨는 소중한 유기질비료로 쓰인다.

그러나 북미에서부터 시작하여 점차 세계적으로 육류에 대한 엄청난 수요가 발생하자 축산이 부업에서 전업으로 바뀌었다. 오늘날 산업국가에서 고기와 우유, 달걀 등은 대부분 자원집약적인 기업축산제품으로 대량생산되는데, 기업축산에서는 거대한 양의 에너지와 물과 곡물을 공장 같은 축산시설에 투입하여 마치 공장에서 공산품을 만들 듯 제품을 생산하고 폐기물을 발생시킨다.

북미에서 축산은 가장 심각한 수질오염원이며 물을 가장 많이 소비하는 부분이기도 하다. 또한 토양침식의 중요한 요인이자 습지와 초원이 사라지는 원인이기도 하다. 그리고 가축은 곡물 소비를 가장 많이 하고 있다. 즉, 알래스카를 제외한 미국 국토 중 가장 넓은 면적에서 자라는 풀과 곡식이 가축의 먹이가 되고 있다. 가축은 미국의 농업부문에서 소비되는 에너지 중 거의 반을 소비하며 캐나다에서는 가축이 먹는 곡물이 사람이 먹는 곡물보다 3배나 더 많다. 참고로 쇠고기 1킬로그램을 얻으려면 7킬로그램의 사료가 필요하고 돼지고기 1킬로그램을 얻으려면 5킬로그램의 곡물이, 닭고기 1킬로그램을 얻으려면 3킬로그램의 먹이가 필요하다.

지구상에 살고 있는 가축의 수가 사람보다 3대1의 비율로 더 많다는 것은 그 규모나 관리 면에서 이제 부업의 수준을 훨씬 초과했다는 것을 의미한다. 나는 이 사실을 생각할 때마다 130억 마리의 닭들이 지구를 점령하기 위하여 반란을 일으키는 영상이 떠올라 진저리를 치곤 한다. 미국에 있는 70억 마리의 닭, 칠면조, 소, 그리고 돼지 들은 하루에 400만 톤의 분뇨를 배설하는데, 미국인 전체가 생산하는 양보다 130배나 많은 양이다. 분뇨와 사료에 섞인 비료 성분은 미국의 수역(水域)에 배출되는 질소와 인의 3분의 1을 차지하는데, 이러한 영양물질은 조류(藻類)를 증식시켜 호수의 부영양화를 일으키고 지하수를 오염시킨다. 유타 주에 거대한 돼지농장이 건설중인데 거기에서 발생되는 폐기물은 유타 주 전체의 200만 주민이 발생시키는 분뇨보다 더 많은 양이 될 것이다.

물론 곡물과 과일, 그리고 채소를 기초로 한 식사라고 해서 환경적인 영향이 전혀 없는 것은 아니다. 일본에서는 농약을 너무 많이 사용해 시골에서 자라나는 어린아이들은 파리를 본 적이 없다고 한다. 쌀농사는 또한 세계에서 메탄가스를 가장 많이 발생시키는 부문이다. 메탄가스는 이산화탄소 다음으로 지구의 기후에 많은 영향을 미치는 온실가스이다. 동물은 물론 식물도 환경을 살리는 지속 가능한 방식으로 재배해야 한다. 그러나 농업이 일으키는 여러 가지 환경문제들, 예를 들어 수자원 소비, 에너지 고갈, 토양 침식, 과도한 방목, 수질오염, 메탄가스 발생 등등을 분석해 보면 채식이 육식에 비해 훨씬 영향이 적다. 미국에서 1파운드의 쇠고기를 생산할 때 2분의 1파운드의 메탄가스가 대기로 방출되는데, 이 양은 온실효과로 환산하면 1갤론의 휘발유를 태우는 것과 같다. 이러한 메탄가스 발생량은 미국에서 1파운드의 쌀을 생산할 때 발생시키는 메탄가스보다 6배나 된다. 전 세계적으로 보면 가축과 가축분뇨는 논보다 더 많은 메탄가스 발생원이다.

전 세계적으로 4명 중 1명이 육식 위주의 식사를 한다는 사실을 고려한다면 축산이 일으키는 환경문제의 해결은 해법이 보이지 않는다. 현재의 세계인구 60억 명에게(이 숫자는 미래의 예측인구인 80~120억보다는 훨씬 적은 수이다) 육식 위주의 식사를 제공하는 것은 불가능한 일이다. 현재 지구에 살고 있는 모든 사람이 미국 사람처럼 육식 위주의 식사를 하려면, 즉 일년에 120킬로그램의 고기를 먹게 하려면,

세계의 경작지를 지금보다 3배로 늘려야 한다.

　육식을 하는 사람들 때문에 엄청난 양의 곡물이 낭비된다고 해서 세계의 기아가 발생한다는 것은 아니다. 전 세계에서 영양실조로 고통받는 8억 4000만 명은 단순히 식량을 살 돈이 없거나 곡물을 재배할 땅이 없기 때문이다. 세계의 기아문제를 해결하기 위하여 채식을 한다는 것은 별로 도움이 되지 않는다. 중요한 것은 근본적인 원인을 찾아 해결해야 하는 것이다. 그러나 세계인구가 늘어나고 있기 때문에 지금은 주식(主食)을 생산하는 데 사용되는 토지가 미래에는 기아를 막기 위한 식량생산에 필요할 것이다. 아시아인처럼 채식을 하면 부족한 토지자원을 최대로 이용할 수 있다. 평균적으로 중국인 한 사람을 먹여 살리는 데 필요한 토지는 1에이커이고, 미국인은 4에이커이다.

　축산의 원래 기능을 되살려서 영양물질의 순환자 역할과 단백질 공급 기능을 수행하게 하려면 2가지 방안을 동시에 실천해야 한다. 가정에서는 식사 내용을 바꾸고 정치인들은 정책변화를 추구해야 한다. 즉, 농업정책을 수정하여 보조금을 주고 지속 가능한 곡물재배를 해치는 농부에게는 불이익을 준다면 많은 농부들이 토지 이용방식을 바꿀 것이다. 그리고 에너지 보조금을 줄이고 대체에너지 개발을 유도해야 한다. 또한 에너지 소비가 적은 식사방법과 농업기술을 개발하여 온실가스 배출문제를 해결해야 한다. 이러한 정책변화는 곡물을 생산하여 가축을 먹이는 경작방식에서 가축은 경작지에서 발생하는 여분의 부스러기와 풀을 먹이고 대부분의 경작지는 사람이 먹는 곡물을 재배하는 방식으로 방향 전환을 하도록 유도할 수 있을 것이다.

≫ 타이국수 만드는 법

재료(2인분)

쌀국수 - 8온스

라임 - 1/4쪽

식물성 기름 - 4큰술

저민 땅콩 - 4큰술

저민 마늘 - 2큰술

콩나물 - 2컵

브로콜리 또는 저민 채소 - 4온스

골파(사각형으로 자른 것) - 8개

타이 생선소스(또는 간장소스) - 2큰술

칠리 밀가루 반죽 또는 가루(맛 볼 것)

종려당 또는 갈색 설탕 - 4작은술

살짝 으깬 달걀(선택사항) - 1개

식초 - 1큰술

두부, 해물, 또는 고기(선택사항) - 4개

국수를 더운물에 약 30분쯤 담가 놓는다. 국수가 투명해지면 물에서 건져 물기를 뺀다. 프라이팬에 기름 1스푼을 두르고 마늘이 갈색이 될 때까지 살짝 볶는다. 두부나 고기도 갈색이 날 때까지 볶는다. 채소와 달걀을 함께 섞거나 달걀을 튀겨 길게 잘라 준비해 둔다. 남은 기름 2스푼을 프라이팬에 넣어 30초간 가열한 후 물기를 제거한 국수를 넣는다. 주걱으로 국수를 흩어서 얇은 층으로 만든 후 자주 뒤집으면서 익힌다. 생선소스, 설탕, 식초, 칠리와 라임 반쪽을 짜서 넣는다. 국수를 몇 번 더 뒤집는다. 골파, 땅콩, 콩나물(고명으로 쓰기 위해 약간 남겨둔다)과 앞서 요리한 모든 재료를 넣고 1분간 가열한 후 불을 끈다. 접시에 보기 좋게 담은 다음 나머지 재료로 고명을 곁들인다.

이 요리법은 낸시(Nancie MaDermott)의 저서 『*Real Thai: The Best of Thailand's Regional Cooking*』(San Francisco, Chronicle Books, 1992)에 나와 있다. 다양한 타이국수 요리법을 알고 싶으면 홈페이지 www.cs.unca.edu/~stigle/padthai.html을 참조하기 바란다.

미국인이 타이국수나 채식 위주로 식단을 바꾸면 환경 면에서 균형을 되찾을 수 있다. 예를 들어 곡물로 키운 닭고기 요리 대신 쌀과 밀가루로 만든 요리를 먹는다면 환경적인 영향을 반으로 줄이는 셈이다. 또한 붉은 고기 요리 대신 곡물과 채소를 이용해 만든 요리를 먹는다면 환경과 건강 측면에서 매우 유익한 행동이라고 할 수 있다. 곡물과 과일, 채소, 그리고 콩류는 육류에 비하여 지방함유량이 낮다. 특히 혈관을 막는 포화지방이 적다.

북미에서 가장 인기 있는 음식은 이탈리아 요리, 멕시코 요리, 중국요리이다. 이 3가지 요리는 각각 파스타(밀가루반죽의 일종으로 스파게티의 재료: 역자 주), 토틸라스(멕시코 지방의 둥글넓적한 옥수수빵: 역자 주), 쌀로 모두 곡물이 자료라는 것이 공통점이다. 이 3가지 요리는 최소한 미국 요리나 캐나다 요리보다 고기가 덜 들어 있다. 오래 전부터 건강전문가들은, 북기인들은 농부처럼 식사를 해야 한다고 충고해왔다. 이탈리아의 농부나 멕시코의 소작농은 미국인에 비하면 고기를 훨씬 덜 먹기 때문이다.

그러나 식물성 식사를 위해서 꼭 특정한 식당을 찾아가거나 특별히 식성을 바꿀 필요는 없다. 미국에도 동물성 영양분과 환경적인 영향이 적은 음식이 많다. 예를 들어 가장 흔히 접할 수 있는 닭고기 국수 수프나 구운 감자, 피넛버터와 젤리 등이 있다. 특히 마카로니와 치즈는 고기가 적은 좋은 음식이다.

가장 중요한 것은 하루에 한 끼는 쌀과 파스타, 빵 또는 채소를 먹고 고기는 주식보다는 부식으로 조금 맛보는 정도가 좋다. 또한 일주일에 며칠은 고기 없는 식사를 시도해 보라. 그리고 내가 선택한 요리는 나의 건강은 물론 우리가 사는 지구의 건강에도 영향을 미친다는 것을 항상 기억해야 한다.

● ─ 지구를 살리는 여섯 번째 불가사의

공공도서관 Public Library

렌튼(Renton) 공공도서관에서 창문을 내다보면 도로에 가득 찬 차량 행렬이 가장 먼저 눈에 들어와 가슴이 답답하다. 그러나 눈을 돌려 건물을 내려다보면 답답해진 가슴이 확 트이고 만다. 적색과 녹색이 번쩍이며 힘차게 퍼덕이는 연어의 모습을 볼 수 있기 때문이다. 그곳에서는 또한 얕은 물 속에 알을 낳는 연어의 모습도 생생하게 볼 수 있다.

렌튼 도서관은 1966년 폭이 24미터인 세더(Cedar) 강(江)을 가로질러 건축되었다. 세더 강은 워싱턴 주에서 연어가 가장 많은 강이다. 이 건물은 약간 단조로우며 주변 풍경과 그다지 어울리지도 않는다. 그러나 연어를 관찰하기에는 가장 좋은 위치에 있어 많은 사람들이 찾는 곳이다.

도서관은 연어를 보호하기에는 가장 좋은 장소이다 멸종 위기의 생물종을 구하기 위하여 일부러 도서관을 지은 사람은 없지만, 도서관은 생물종을 보존하는 데 직접적인 도움을 준다. 책과 잡지, 그리고 다양한 자료를 구비해 놓으면 수많은 사람이 자료를 개별적으로 복사할 필요가 없기 때문에 종이의 수요를 줄일 수 있다. 그렇게 되면 도서관은 숲의 나무를 보호하고, 벌목도로에서 발생하는 토사로 강이 오염되는 것을 방지하며 펄프공장이 배출하는 폐수로 연어가 사는 강물을 오염시키는 것을 막는 역할을 한다. 또한 제지공장과 프린터의 전기수요를 줄여 준다.

북미의 한 도서관은 평균 일년에 10만 권의 책을 대여해 주고 5000권 정도의 책을 구입한다. 도서관 하나가 생김으로써 일년에 50톤의 종이를 절약할 수 있으며 종이 제조과정에서 발생하는 250톤의 온실가스 배출을 억제할 수 있다. 한마디로 생태계가 파괴되고 오염됨으로써 수많은 생물종이 멸종되는 것을 도서관이 막고 있다고 할 수 있다.

물론 책이란 그 자체가 경이로운 물건이다. 만약 지금보다 더 많은 사람들에게 책을 읽을 수 있는 기회가 주어지고, 또 책을 열심히 읽는다면 세상은 좀더 풍요로워질 것이다. 그러나 책을 만들 때 사용하는 종이는 생태적인 측면에서 많은 대가를 지불한다. 포장, 광고, 사무실, 그리고 다양한 형태의 출판이 증가하여 종이 소비량은 전 세계적으로 지난 20년 동안 2배나 증가하였다. 그 결과 전 세계의 숲은 전기톱에 의해 황폐화되고 있고 종이공장에서 나오는 화학약품은 강과 바다를 오염시켰다. 종이 재활용이 일상화되고는 있지만 펄프공장과 제지공장은 아직도 전 세계 목재 소비량의 40퍼센트를 차지한다. 미국은 세계 인구의 5퍼센트 미만인데 전 세계 종이생산량의 31퍼센트를 소비한다.

다행히 책과 다른 종이제품은 2번 사용함으로써 현재의 생태학적인 충격을 크게 줄이고 있다. 나는 여기서 재활용을 주장하는 것이 아니다. 재활용은 그 자체로서 좋은 방안이지만 가장 최선의 대책은 아니다. 여러분은 아마 '감량화(reduce), 재사용(reuse), 재활용(recycle)'이라는 구호를 들어보았을 것이다. 이 구호는 중요도의 순서로 이루어져 있다. 즉, 재활용은 환경보호 우선순위에서 3번째를 차지하고 있다.

여러분이 들고 있는 이 책처럼 100퍼센트 재생종이로 책을 만들면 제지공장은 일반 종이에 비하여 에너지가 60퍼센트만 필요하고, 고형폐기물은 50퍼센트, 온실가스는 3분의 1로 줄며, 폐수는 95퍼센트 감소된다. 그러나 만일 도서관 책을 100퍼센트 재사용한다면, 즉 두 사람이 도서관에서 빌린 책을 읽을 때 종이의 생산과정을 거치지 않기 때문에 제지공장은 에너지를 전혀 사용할 필요가 없고, 오염물질도 전혀 발생하지 않는다.

미국인은 평균 매년 8권의 책을 구입하며 도서관에서 6권의 책을 빌려 읽는다. 캐나다인은 3권의 책을 사고 8권을 빌려 읽는다. 책을 빌려 읽으면 책을 제작하는 과정에서 소요되는 경제적, 환경적인 비용을 줄일 수 있다. 미국의 도서관은 매년 장서를 2.4회 대출하며 캐나다의 도서관은 3.4회 대출한다. 만일 대출하는 책들이 4년의 수명을 가진다면, 한 사람이 그 책을 사서 혼자만 볼 때와 비교하여 최소한 10사람이 그 책을 읽는 셈이 된다. 달리 말하면 도서관을 이용하는 사람은 책을 직접 사서 보는 사람과 비교할 때 환경적 영향이 5분의 1 또는 10분의 1에 불과한 셈이다.

사실 책은 전체 종이 소비량 중 일부만을 차지한다. 오히려 포장지, 잡지, 신문, 그리고 사무용 서류 등등의 소비가 세계 목재공급량의 많은 부분을 차지한다. 그러나 도서관에서는 책 외에도 다른 것들을 빌려 쓸 수 있다. 도서관에서 제공하는 다양한 자료들, 예를 들어 정기간행물, 시청각 자료, 컴퓨터 단말기 등은 종이와 마찬가지로 자원을 절약할 수 있는 부분이다. 기존의 도서관 개념을 확장하여 책 외에도 여러 가지 유용한 도구를 빌려준다면 자원 절약의 효과는 훨씬 클 것이다. 캘리포니아 주 버클리와 메릴랜드 주의 타코마 파크에는 연장 도서관이 있는데, 주민들은 이곳에서 전정가위, 사다리, 톱 등을 빌려쓰고 있다.

어떤 물건을 빌려주든, 도서관은 자원을 효율적으로 이용하기 때문에 비용을 절감할 수 있다. 미국인이 평균 일년에 지출하는 도서관세금 20달러를 고려하더라도 각 개개인이 도서관에서 6권의 책을 무료로 빌릴 때 책을 직접 사는 것보다 연간 50달러를 절약할 수 있다.

공공 또는 사설, 학교도서관을 불문하고 모든 도서관은 지식의 저장소이면서 학습센터로서 중요한 서비스 기능을 가지고 있다. 특히 공공도서관이 제공하는 생태적인 혜택이 가장 크다고 할 수 있다. 왜냐하면 공공도서관에서 빌리는 책은 대개 서점에서도 살 수 있지만 빌리기 때문에 그만큼 자원을 절약하는 것이다. 더욱이 공공도서관은 가장 민주적인 제도이다. 공공도서관은 무료이고, 누구나 이용할 수 있으며, 시민에게 정보를 제공하기 위한 목적만을 가지고 있다. 또한 도서관은 일종의 공동체의식을 고취시킨다. 도서관은 북미에서 각계 각층 사람들이 자유롭게 모일 수 있는 장소이다.

이처럼 엄청난 장점이 있음에도 불구하고, 많은 도서관이 충분한 지원을 받지 못하여 과거와 같은 이용시간과 서비스 수준을 유지하지 못하고 있다. 특히 캐나다의 도서관들은 1980년대 후반부터 심각한 예산삭감 때문에 어려움을 겪고 있다. 미국 도서관들도 반정부운동이 활발했던 1980년대에는 예산이 삭감되었지만, 그후에는 인구증가율보다 예산이 많이 지원되었다. 1990년대 도서관 통계를 보면 다른 정부정책과는 달리 도서관정책을 높게 평가하였으며 멀리 있는 국회의원보다는 지역의 유권자들이 도서관에 많은 후원금을 제공하였다. 게다가 지난 10년 동안 미국의 유권자들은 놀랍게도 도서관 지원법안을 80퍼센트나 통과시켰다.

미국은 오늘날 매우 좋은 공공도서관 체계를 갖추고 있는데, 그 이유는 1960년대에 예산을 대폭 투입하여 도서관 서비스를 확대하였기 때문이다. 그럼에도 불구하고 도서관에 가는 사람은 주로 백인 중산층이나 상류층이 압도적이다. 미국과 캐나다에서는 성인인구의 3분의 2가 매년 도서관을 이용한다. 20세기말 도서관은 여러 가지 도전에 직면하였는데, 그러한 도전 중심에는 인터넷을 다른 전자정보와 결합시켜 때로는 낡은 내부구조(infrastructure)와 통합시켜야 하는 과제가 있다. 그러나 공공도서관과 관련된 가장 핵심적인 질문은 역사가인 마이클 해리스가 지적한 것처럼 도서관들이 "오늘날 매우 분명해져가는 심각한 재정적인 압박을 이겨낼 수 있을 것인가? 또는 서비스를 축소시켜 더욱 효율적이고 비용이 덜 드는 형태로 소수의 인텔리들에게만 서비스를 제공할 것인가?"라는 질문이다.

최소한 북미의 공공도서관들은 다른 국가들보다 환경

이 낫다. 유럽의 공공도서관들은 지원을 받지 못해 사용자에게 입장료를 받고, 이용시간을 줄이고, 구비해 놓는 책도 적다. 그 결과 유럽에서는 도서관 이용자가 상대적으로 적다. 미국의 학교도서관은 공공도서관보다 훨씬 더 많은데, 재정상태가 매우 불량하다. 미국 공립학교의 4분의 1이 사서가 없으며, 5분의 1의 중학교 도서관은 지난 10년 이내에 출판된 세계지도조차 구비해 놓지 않았다.

도서관은 재사용을 실천하고 있는 많은 부문 중의 하나이다. 사람들이 부족한 재화를 최대한 이용하는 방법은 필요한 것을 빌려쓰거나 중고품을 구입하고, 고장난 것은 가급적 버리지 않고 고쳐 쓰는 것이다. 이 중에서 가장 인기 있는 재사용방법은 비디오를 빌려서 보는 일인데, 미국에서는 비디오 가게가 공공도서관보다 2대1의 비율로 더 많다. 소비자는 비디오를 거의 빌려 본다고 한다.

비디오를 빌려 보면 사는 것보다 자원을 절약할 수 있지만 생태적으로 보면 반드시 이로운 것만은 아니다. 왜냐하면 비디오를 빌리기 위해 평균 3마일을 운전하는데 거기에 소비하는 에너지가 적지 않기 때문이다. 그러나 비디오 가게가 인기를 끌고 있다는 그 자체가, 가격과 유통구조만 잘 조정하면 충분히 재사용할 수 있다는 가능성을 보여주는 것이다.

미국에서는 알뜰가게와 여러 형태의 중고품 가게가 매년 15~20퍼센트 확장되어 다른 소매업 분야보다 빠른 성장을 보이고 있다. 그전에는 전당포나 자선바자회행사에서 상품가치가 없는 중고품을 취급하였지만 이제는 워싱턴 주 커클랜드(Kirkland)에 있는 여피전당포(Yuppie Pawn Shop, Yuppie란 young urban professional + ie로 이루어진 신조어로 전문직에 종사하는 고소득 젊은 층을 의미함: 역자 주)처럼 좋은 제품을 다양하게 갖추어놓아 싼 것을 좋아하는 중산층 소비자들에게 매우 인기를 끌고 있다. 그렇지만 이들은 중고품을 산다는 것이 지구에 전혀 부담을 주지 않는 생태적인 행위임을 깨닫지 못하고 있다. 중고품이 이처럼 인기를 얻자 전국적으로 판매망을 가지고 있는 회사들이 이 분야에 뛰어들고 있다. 또한 비영리 기관에서 운영하는 중고가게도 생겨 골동품에서 스포츠용품, CD, 심지어는 컴퓨터 소프트웨어까지 취급하고 있다.

≫ 작은 경이: 재활용 봉투

마닐라삼으로 만든 옛날식 봉투는 친환경적인 포장의 가장 멋진 형태이다. 이 봉투는 30회 이상 쓸 수 있으며 마지막으로 재활용된다. 이 봉투야말로 현대의 재활용 노력과 택배사업을 부끄럽게 하는 경이로운 제품이라고 할 수 있다.

미국의 택배 회사들은 매년 10억 개의 봉투와 상자를 배달한다. 즉, 미국인 1인당 매일 1개를 배달하는 셈이며 배달 봉투는 거의 한 번 쓰고 버린다. 페덱스(FedEx's) 회사의 사인이 있는 '택배 우편물' 봉투에는 회사의 방침상 재사용을 금한다는 경고가 붙어 있다. 이 봉투는 탄탄한 마분지를 표백하여 만든 것으로 플라스틱 띠를 아교로 붙여놓았다. 이 봉투를 재활용하려면 먼저 플라스틱을 떼어내야 하는 데 5분 정도 소비해야 한다. 대부분의 택배 회사들은 봉투와 상자에 재활용 종이로 만든 마분지를 사용한다. 그러나 유일하게 재사용할 수 있는 포장지는 UPS의 새로운 제품인 '택배 항공봉투'인데, 딱 두 번 사용할 수 있다.

그리고 미국에서 배달되는 상품의 90퍼센트는 한번 쓰고 버리는 마분지 상자에 들어 있다. 배달 상자는 전체적으로는 쓰레기 재활용률이 64퍼센트나 되지만 가장 많은 비율을 차지하는 쓰레기 또한 배달 상자에서 나오는 골판지이다. 만일 배달해야 하는 모든 서류와 상품의 포장지, 용기를 재사용할 수 있도록 만든다면 세계는 어떻게 변할까?

불행하게도 요즘에는 값싼 가전제품과 일회용에 가까운 가구들이 보급되어 내구성 있고 수리해서 쓸 수 있는 제품은 점점 사라지고 있다. 사람들은 이웃에게 빌려쓰는 대신 각자 물건을 사기 때문에 이제 재사용은 점점 환영을 받지 못하고 있다. 나는 1970년대에 초등학교 급식시간에 나왔던 병우유를 기억한다. 당시 포일(foil)로 만든 뚜껑을 모아 멋진 축구공을 만들기도 했었다. 또한 재충진(refill) 음료수병은 우리 집 주방 어딘가에 항상 있었다. 재충진 음료수병은 미국인들에게는 향수를 자아내는 유물이 되었지만 다른 나라에서는 요즘에도 많이 사용하고 있다. 캐나다에서는 97퍼센트 이상의 맥주병을 재충진하기 위해서 회수한다. 덴마크에서는 청량음료수병과 맥주병을 99퍼센트 재충진한다. 재충진을 하려면 씻는 과정을 거쳐야 하지만 새 병에 비하여 자원과 에너지를 90퍼센트 이상 절약할 수 있다.

재사용은 환경보호전략 차원에서 관심을 끌지 못하고 있다. 그러나 재사용이야말로 환경적으로 건전한 생활방식을 정착시키는 데 필요한 지름길이다. 산업계와 정부가 재활용운동을 위해서 수백만 달러를 쓰고 있지만, 재충진 병은 과대한 선전을 하지 않고도 자원 낭비와 환경오염을 매우 효과적으로 줄일 수 있다. 첨단을 걷는 의류 제조업자가 유기성 면과 재활용된 가죽옷을 시끄럽게 광고하는 동안 겸손한 중고가게에서는 친환경적인 옷들을 소리 없이 판매하고 있다. 사람들이 멸종위기에 처한 생물종을 구하기 위하여 누가 어떠한 일을 해야 하는지 요란하게 토론하는 동안 공공도서관은 강과 숲을 구하기 위해서 조용히 자기 몫을 다하고 있다. 오늘도 사람들은 도서관에서 책을 빌리고, 잡지를 빌리고, CD를 빌리고, 전정가위를 빌려 간다.

● ──지구를 살리는 일곱 번째 불가사의

무당벌레

프랑스인들은 무당벌레를 '하느님이 주신 좋은 생물들(Les bêtes à bon Dieu)', '성모 마리아의 암소(les vaches de la Vierge)'라고 불렀고, 독일인들은 '성모 마리아의 딱정벌레(Marienkäfer)'라고 불렀다. 이 명칭들은 모두 다음과 같은 전설에서 유래한 것이다. 중세 유럽 때 포도농사를 짓던 농사꾼들이 진딧물 때문에 농사를 망치게 되자 신에게 도움을 구하는 기도를 했다. 그러자 어느 날 그야말로 기적처럼 딱정벌레가 떼지어 나타나서 진딧물들을 모두 잡아먹었다. 이에 기뻐한 농부들은 '동정녀 마리아(Our Lady)'라고 외쳤다고 한다.

하지만 동정녀 마리아가 농작물을 지켜줄 것이라고 믿는 농부는 이제 거의 없다. 영어권에서는 무당딱정벌레(ladybird beetle) 또는 무당벌레(ladybug)라고 부른다. 무당벌레는 물방울모양의 점이 박힌 포식동물로 여전히 농장과 정원을 지키고 있다. 무당벌레는 딱정벌레과에 속하는 곤충으로 전 세계에 어림잡아 4000여 종이 살고 있다. 미국에서 발견된 450여 종의 무당벌레 중 단 2종만 제외하고는 이로운 곤충인데, 이들은 식욕이 매우 왕성하여 진딧물이나 해충을 잡아먹는다. 무당벌레는 3주에서 4주 동안 애벌레 시기를 거친 후 350개 이상의 진딧물을 먹어댄다. 전형적인 성충은 하루에 45~70개의 진딧물을 먹는데, 일생 약 5000개를 먹는다고 한다.

이처럼 왕성한 식욕을 무당벌레 군체(群體)에 있는 어미 무당벌레의 수로 곱하여 보라. 캘리포니아 산악지대에 있는 하나의 무당벌레 군체는 4000만 마리의 어미 무당벌레를 포함하고 있으므로 무당벌레가 인간에게 주는 혜택은 엄청나다고 할 수 있다. 인류가 의존하는 농업은 무당벌레에게 위협을 받는다기보다 무당벌레에게 전적으로 의존하고 있다는 것을 알 수 있다. 전 세계적으로 살충제 판매액은 매년 300억 달러에 달한다. 하지만 해충의 천적에 의하여 제공되는 혜택은 그보다 4배나 더 많다고 한다.

그러나 요즘 대다수 농부들은 흔하고 유익한 이들 포식곤충보다 살충제를 대량으로 살포하여 농작물을 보호하고 있다. 불행히도 살충제는 효과가 너무 좋아서 해충과 익충을 모두 죽인다. 수명이 짧은 해충들은 몇 세대를 거치면서 특정 살충제에 금세 저항력을 갖는다. 즉, 농부가 해충과의 전쟁에서 승리했다고 기뻐하는 동안 2차 해충이 발생하여 승리는 수포로 돌아가고 마는 것이다. 왜냐하면 원래 해롭지 않던 곤충들이 천적이 사라지자 폭발적으로 증가하여 새로운 해충이 되기 때문이다. 따라서 농부들은 하나의 해충을 죽인 후 또다시 새롭게 나타난 해충을 쫓는 식의 쳇바퀴를 돌고 있는 것이다.

살충제는 포식동물에게 많은 해를 끼치고 있다. 즉, 살충제는 꽃가루를 운반하고, 쓰레기를 분해시키고, 흙을 만드는 이로운 생물체들을 함께 죽이기 때문에 인간이 보호하려고 한 식물을 오히려 해롭게 할 수도 있다. 흙은 결코 으물이 아니다. 흙은 복잡한 생태계를 이루고 있다. 흙에 사는 생물체는 1헥타르 면적의 경작지에서 일년에 1톤의 새로운 흙을 만들어 낸다. 흙어 사는 곰팡이, 세균, 그리고 여러 가지 동물은 흙을 생산하고 식물이 흙에서 흡수하는 영양분을 만들어 낸다. 흙 속의 많은 생물체는 농약에 매우 민감하게 반응한다. 미국 중서부 지방에서 연구한 바에 다르면 경작지를 갈고 살충제를 잔뜩 뿌리면 지렁이가 죽는데 이 지렁이가 정상적으로 흙에 다시 돌아오려면 5년이라는 시간이 걸린다고 한다.

전 세계에 있는 현화식물(顯花植物) 90퍼센트는 대부분 곤충에 의하여 수분작용을 한다. 그렇지만 새, 박쥐, 그리고 심지어는 도마뱀붙이가 포함되기도 한다. 야생 또는 반(半)야생의 수분동물(授粉動物)은 세계 주요 작물의 80퍼센트를 수분시킨다. 어떤 작물은 전적으로 특정 수분동물에만 의존한다. 예를 들어, 미국 동남부에서 블루베리(blueberry)를 경작하는 농부들은 야생의 블루베리 벌을 '날아가는 50불 지폐'라고 부를 정도로 벌 한 마리가 일생 동안 17리터의 블루베리를 수분시킨다.

생물학자인 부크만(Stephen Buchmann)과 나브한(Gary Paul Nabhan)은 『잊혀진 수분동물 The Forgotten Pollinators』이라는 책에서 다음과 같이 설명했다. "살충제, 질병, 외래종, 그리고 농장 안과 밖에 있는 서식처의 파편화(破片化)로 자연계의 가장 생산적인 일꾼들이 서서히 사라지고 있다." 미국의 목화밭에서는 살충제에 저항성이 있는 해충을 박멸하기 위해서 농약을 지나치게 뿌린 결과 너무나 많은 수분곤충이 죽어 오히려 전체 목화 생산량이 10~20퍼센트 정도 감소되고 말았다. 캐나다에서도 1970년대에 삼림해충을 박멸하기 위해서 살충제를 공중살포했는데 그 결과 수많은 야생벌이 죽어 블루베리 생산량이 그후 4년 동안 감소되었던 사례가 있다.

이처럼 전 세계적으로 살충제의 사용량은 엄청나게 증가하였지만, 곤충과 곰팡이 그리고 다른 해충에 의해 피해를 입은 작물의 양은 중세와 비교할 때 전혀 줄지 않았다. 미국에서는 200종 이상의 곤충, 270종의 잡초, 그리고 150종의 식물 질병이 하나 이상의 살충제에 저항성을 지니고 있다. 그렇기 때문에 이제 농부들은 1970년초에 한 번 뿌려서 죽일 수 있던 해충을 이제는 2~5배나 더 많은 양을 뿌려야 한다. 카슨(Rachel Carson)은 『침묵의 봄 Silent Spring』이라는 책에서, "해충과의 화학전은 결코 이길 수 없다. 모든 생명체가 십자포화를 맞고 죽고 있다."라고 경고하였는데 그 사실이 입증된 것이다.

카슨 이후 살충제의 위험성이 더 많이 밝혀지자 독성이 심한 화학약품에 대해서 제조와 판매를 금지시켰다. 그러나 오늘날 사용하는 살충제의 살충력은 최소한 1970년대만큼 강력하고, 살포하는 살충제의 총량도 엄청나게 늘어났다. 오늘날 미국 농부들은 『침묵의 봄』이 처음 사람들에게 DDT(dichloro-diphenyl-trichloroethane)와 다른 화학살충제의 위험성을 일깨웠던 1960년대에 비하여 2배나 많은 양의 살충제를 뿌리고 있다. 전 세계적으로 6개 국가 중에서 5개 국가는 아직도 DDT를 허용하고 있는데, DDT는 무당벌레와 모유를 먹는 아기, 성인남녀에 이르기까지 모든 생물체에 매우 지속성이 강한 독성을 나타내고 있다.

현대 농업이 일으키는 건강과 생태적인 부작용에 대한 우려가 깊어지자 유럽과 북미에서는 농부와 소비자들이 대안을 찾기 시작하였다. 미국에서 100만 에이커 이상의 유기농인증을 받은 경작지에서 생산한 농산물의 가격은 1996년에 35억 달러에 달하였는데, 총 농산물가격의 2퍼센트 미만이다. 캐나다에서는 유기농산물이 모든 농산물의 1퍼센트를 차지하는데, 대부분 미국에서 수입해 온다. 흥미로운 것은 캐나다 농가에서 기른 곡물과 카놀라 기름과 같은 유기농산물은 대부분 미국과 유럽으로 수출한다는 것이다.

그러나 이러한 숫자는 모든 지속 가능한 농업의 일부만을 반영할 뿐이다. 유기농 인증에 소비되는 비용과 시간 때문에 반절 이상의 유기농가는 농산물 인증을 받으려 하지 않는다. 비록 비중은 작지만, 유기농은 북미의 농업경제에서 가장 빨리 성장하는 부문이다. 미국에서 유기농산물의 판매는 1990년대에 매년 20퍼센트 이상 증가하였다. 그리고 1991~1994년 사이에 유기농 인증을 받은 경작지는 2배 이상으로 늘어났다. 캐나다의 유기농산물은 매년 24퍼센트씩 늘어나는 것으로 추산된다.

유기농법만이 환경적으로 해가 없는 유일한 형태는 아니다. 많은 농부들은 종합적 해충관리(Integrated Pest

Management, IPM)를 실천하고 있는데, 이 방법은 수많은 해충과 그들의 천적을 부지런히 찾아내는 예방적인 접근으로, 경작지의 특성에 맞도록 독성이 약한 살충제나 생물학적인 통제방법을 적용하기 전에 실시하는 것이다. 〈*Consumer Reports*〉라는 잡지를 발행하는 소비자연합이 추산한 바에 따르면 미국에서 약 3분의 1의 농부는 일차적으로 해충 방제를 위하여 살충제를 쓰지 않고 예방적인 방법에 의존하며, 4~8퍼센트의 농부는 농약을 전혀 사용하지 않는다고 한다.

살충제는 인간의 건강에 가하는 위해성이 뚜렷하기 때문에 일반인들이 큰 관심을 가지고 있지만, 많은 전문가들은 살충제가 현대의 농업과 관련하여 유일하거나 또는 가장 중요한 환경문제는 아니라고 주장한다. 현대 농업은 점점 더 많은 수자원과 화석연료, 그리고 경작지가 필요하며 이에 따르는 부작용도 매우 크다. 비옥한 표토(表土)가 유실된다는 것은 식량생산에 아마도 가장 심각한 위협이 될 것이다. 평균적으로 미국 시민 한 사람을 위하여 식량을 생산하는 과정에서 15톤의 흙이 매년 유실된다. 그리하여 미국에서 지하수를 오염시키는 큰 오염원은 살충제가 아니라 거름, 비료, 그리고 식품공장 등에서 발생하는 질산염이다.

농부들은 엄청난 양의 질소비료를 쏟아붓고 있는데, 1984년 이후 사용된 비료양은 근대화 이후 수백 년 동안 사용된 총비료양의 반이나 차지한다. 물론 비료는 작물의 성장을 촉진하기 때문에 지금까지 증가하는 세계인구에게 공급할 식량을 증산하는 데 큰 기여를 하였다. 그러나 많은 농장에서 투여한 비료는 약 반절이 작물 수확에 영향을 미치지 못한다. 즉, 반절의 비료는 증발하거나 토양에서 중요한 영양분을 용출시키거나, 또는 빗물에 섞여 인근의 수로에 유입된다. 비료가 하천과 강에 들어가면 독성조류나 산소를 고갈시키는 조류(藻類)를 증식시켜 부영양화를 일으키고, 지하수를 오염시킨다. 농사와 그 밖의 인간활동은 지구생태계를 통하여 순환되는 질소의 양을 2배로 증가시켰다.

세계의 비료 사용량은 1990년대에 들어서면서 약간 감소하였다. 많은 국가에서 농부들이 작물이 흡수할 수 있는 양보다 더 많은 비료를 뿌리고 있다는 것을 깨달았기 때문이다. 만일 소비자의 요구와 정부의 정책이 부합되어 에너지 집약적인 비료의 사용량을 줄이는 농부에게 보상을 해준다면, 많은 농부들은 비료의 적정량을 정확히 계산하고, 비료를 뿌릴 대상을 선택하고, 비료와 농약 그리고 관개수를 공급할 시기를 적절히 조절할 것이다.

농부들이 환경적인 영향이 큰 비료를 좀더 효율적으로

사용하면 가끔 부차적인 혜택을 받을 수도 있다. 농약 사용을 줄이면 여러 종류의 이로운 유기체가 땅에 돌아와 역할을 할 수 있다. 예를 들어 물 절약기술은 물을 절약하는 외에 여러 가지 이점이 있는 것과 마찬가지이다. 즉, 지중적정(地中適定) 관개시스템은 지표관개에 비하여 농장의 물 수요를 반절로 줄일 수 있다. 지중적정 시스템을 도입하면 물이 진흙이 있는 밭고랑을 흐르지 않기 때문에 흙이나 영양물질 또는 농약성분 등이 물과 함께 인근 하천으로 흘러들지 않는다. 애리조나 주의 한 농장에서 실험한 결과 지중적정 관개를 하면 쟁기질과 제초제 살포량을 반으로 줄일 수 있으며, 질소비료의 사용량을 25~50퍼센트 줄일 수 있었다. 게다가 물과 비료가 최적의 시기에 작물의 뿌리에 정확하게 투입되기 때문에 수확량은 15~50퍼센트까지 증가하였다. 마찬가지로 노스다코타(North Dakota) 주에서도 실험한 결과 지속 가능한 농법은 전통적인 농법에 비해 에너지를 단지 3분의 1만 소비하였다.

농약을 줄이고 대신 이로운 곤충을 이용하려는 농부는 경작지의 일부분, 예를 들면 경계선 근처나 침식되기 쉬운 경사면을 수분(受粉)작용을 돕고 작물을 보호해 주는 곤충들의 서식처로 남겨두어야 한다. 그러나 현재의 정부시책은 이러한 농부들에게 오히려 불이익을 주고 있다. 정부의 정책 중에는 지속 가능한 농업을 장려하는 방안도 있지만 아직까지 작물보험기준, 등급판정기준, 포장기준 등은 계속적으로 농약을 많이 쓰는 농부에게 혜택이 돌아가도록 되어 있다.

북미의 농업을 좀더 지속 가능한 형태로 바꾸고 무당벌레와 그 밖의 이로운 생물들이 놀라운 역할을 수행하도록 하려면 소비자의 기호와 공공정책이 함께 바뀌어야 한다. 정부는 농업정책을 개혁하여 지속 가능하지 않은 농업을 장려하는 프로그램과 보조금을 삭감할 필요가 있다. 또한 정부는 그 밖에도 범용성(汎用性)이라는 특징을 가진 농약과 비료 대신 작물과 장소에 따라 독특한 해충방제기술을 연구 개발하고 농업기술을 교육하는 데 지원해야 할 것이다.

사람들은 기호에 따라서 유기농산물, 무농약 농산물 또는 지역농산물을 구입할 수 있다. 자기의 집이나 잔디밭 또는 정원에서는 농약이나 화학비료를 쓰지 않거나 과도하게 물을 뿌리지 않아도 된다. 그러나 '유기농법' 이라는 말이 반드시 친환경적임을 보장하는 것은 아니라는 것을 주의할 필요가 있다. 우리 집 부근의 채소가게에는 가까운 브리티시컬럼비아 주에서 생산한 온실토마토와 방울고추가 유기농산물 구역에 진열되어 있다. 그러나 이들 작물은 친환경적이지 않다. 왜냐하면 이 채소작물은 캐나다의 온실에서 수경재배되는데 전통적인 농법에 비해 10배의 에너지를 소비하기 때문이다.

심지어 무당벌레도 생태적 부작용이 있을 수 있다는 것을 주의해야 한다. 미국 농무성은 1970년대에 두 종의 유라시아 무당벌레, 즉 7점무당벌레와 다점무당벌레를 단일경작 지역에 도입하였다. 이들은 그후 엄청나게 번식하여 몇 개의 주(州)에서 토종의 무당벌레들을 모두 몰아내고 말았다. 게다가 워싱턴 캐스케이드의 고지대에 있는 황무지에서도 토종의 무당벌레보다 수가 더 많아졌다. 가게에서 산 무당벌레도 때로는 진딧물이 많은 정원에 정착하기보다는 다른 곳으로 날아가기 때문에 상품목록에 있는 출처 불명의 무당벌레를 사는 것보다는 토종 무당벌레를 유인하여 활용하는 것이 더욱 효과적이며 생태적으로도 위험부담이 적다.

어떠한 생물종도 최초에 어떤 사람이 해충이라고 이름 붙이기 전에는 해충이 아니었다. 해충이라고 불리게 된 곤충도 따지고 보면 수백만 년 동안 시행착오를 거쳐 진화해서 현재에 이르렀다. 생물학자들은 이를 자연도태라고 부른다. 지구생태계는 곤충에게 많이 의존한다. 좀더 정확히 말하면 생태계는 곤충의 외골격에 의존하고 있다. 왜냐하면 지금까지 알려진 생물종의 반절이 곤충이며 곤충 중에서 4분의 1

은 딱정벌레이기 때문이다. 영국의 저명한 유전학자 홀데인 (J.B.S. Haldane) 박사는 신비스러운 진화를 볼 때 창조주의 어떤 특성이 가장 신적이라고 생각하느냐는 질문에 "딱정벌레를 과도하게 좋아하는 것"이라고 대답했다고 한다. 인간 외에도 다른 생물종이 살고 있기 때문에 인간의 삶이 가능하다고 말하는 것은 결코 과장이 아니다. 그런데도 우리는 대부분의 다른 생물종에 대해서 감사해하지도 않고 심지어는 이름도 붙이지 않았다. 생물학자 윌슨(E.O. Wilson) 박사는 그의 에세이집 『세상을 움직이게 하는 작은 것들』에서 우리가 살고 있는 지구에서 딱정벌레 종의 수는 척추동물보다 최소한 7대1의 비율로 많다는 사실을 지적하였다. 그는 "만일 무척추동물인 곤충이 내일 모두 사라진다면 인류는 몇 개월을 못 버티고 멸종할 것이다"라고 단정적으로 말하였다.

그러므로 우리의 식탁에 음식이 오를 수 있도록 도와주며 칭찬을 받아 마땅한 생물은 단지 아름답고 친근한 느낌을 주는 무당벌레만은 아니다. 흙을 만들고 식물이 자라는 것은 괴상하거나 무섭게 생긴 수많은 생물들 덕분이다. 이러한 생물체에는 집게벌레, 거미, 진드기는 물론 우리가 한번도 이름을 들어보지 못한 땅위와 땅속의 수백만 종의 동식물들이 포함된다. 만약 생물학자들이 지구에 살고 있는 모든 생물종을 발견하여 이름을 붙인다면, 지구를 살리는 콜가사의한 물건은 7가지가 아니라 700만 가지가 될 것이다.

결론 　지구를 살리는 사람들

　　몇 년 전 나는 앨런 더닝(Alan Durning)과 함께 『잡동사니: 주변 사물의 비밀스런 생애』라는 책을 썼다. (이 책은 도서출판 그물코에서 『녹색시민 구보씨의 하루』로 번역되어 나왔다.) 이 책은 10여 개의 친숙한 물건들에 초점을 맞추어 왜 북미에서 소비생활을 개선하는 것이 환경문제의 가장 핵심적인 해결책인가를 보여 주었다. 평범하다는 말이 사람들의 호기심을 자극하였는지 그 책이 출판된 후 나는 소비생활과 소비의 숨겨진 충격에 대하여 수많은 인터뷰 요청을 받았다. 한번은 브리티시컬럼비아에서 매우 인기 있는 라디오방송 토크쇼에 출연을 하게 되었다. 그때 사회자는 나를 '환경계의 제임스 본드'라고 소개했다. 그 사회자는 계속해서 어떻게 내가 일상의 소비 상품 안에 숨어 있는 어두운 비밀을 밝혀 내는지 설명했다. 그의 비유는 재미있었지만 오해의 여지가 있었다. 나는 라디오를 청취하는 수많은 캐나다 시청자들이 나를 마치 마티니를 마시고 정유공장을 폭파하는 모습으로 상상하지 않을까 염려되었다. 그러나 생태모험을 즐기는 슈퍼영웅이라는 발상은 우스꽝스럽지만 생각해 보면 그렇게 황당무계한 것만은 아니다.

지구에 사는 인류와 다른 모든 생명체가 계속해서 번성하려면 수많은 장애를 극복해야 한다. 지구온난화와 수많은 생물종의 멸종이라는 엄청난 문제에 직면하여 우리는 쉽게 겁을 먹는다. 그런가 하면 정치가들이 환경문제에는 전혀 관심이 없고 오로지 다음 선거만을 생각하는 것을 보면 냉소적이 되기도 한다. 그러나 중요한 것은 우리 각자가 변화를 일으켜야만 문제가 해결된다는 것이다. 왜냐하면 많은 사람들이 선거 때 외에는 정부의 정책에 관심을 가지지 않기 때문이다. 각자가 자기의 목소리를 내는 것은 우리가 생각하는 이상으로 큰 힘을 발휘할 수 있다.

우리는 우리의 목소리, 그리고 우리의 선택이 얼마나 중요한지 자주 잊어버리곤 한다. 우리의 힘은 초능력이라고 해도 과언이 아니다. 당신이 손을 내밀어 야채가게에서 전통적인 채소 대신 유기농 채소를 집을 때 당신은 수백 마일 떨어진 경작지에서 뿌려대는 살충제를 막을 수 있다. 다른 사람보다 조금 사려깊게 행동하면, 즉 교외에 있는 대형 쇼

핑센터에 차를 운전하여 가는 대신 걷거나 자전거를 타고 이웃에 있는 가게에 간다면, 당신은 나이지리아 또는 알래스카의 어느 산기슭에 유전을 파는 것을 막을 수 있다. 또한 당신은 우리가 사는 행성의 기후를 위협하는 온실가스의 오염을 막을 수 있다. 지구온난화의 경우 지구라는 전체 행성의 기후가 문제가 되는 것이다.

지구를 살리는 7가지 불가사의한 물건들은 그 자체로 칭찬받을 만하다. 하지만 중요한 것은 우리가 선택하는 행동, 즉 우리의 삶을 단순화하고 변화를 추구하는 행동이 필요하다. 이집트의 피라미드는 아무도 바라보지 않아도 그 자체가 위대한 불가사의이지만, 빨랫줄이나 천장선풍기는 누군가 그것을 사용할 때 위대한 불가사의가 되는 것이다. 무당벌레는 살충제에 죽지 않을 때에만 역할을 할 수 있으며, 살충제 사용을 중지하려면 개인이 유기농산물을 재배하고 가게에서 유기농산물을 구입해 먹어야만 한다.

지구를 살리는 지속 가능한 방식의 삶을 선택할 때 가장 장애가 되는 것은 습관이다. 그러나 일단 사람들이 다른 방식으로 삶을 살기 시작하면, 새로운 실천은 쉽사리 제2의 천성, 즉 습관이 될 것이다. 예를 들어 지난 20년 동안 재활용 운동을 한 결과 재활용은 이제 많은 사람들에게 새로운 습관이 되었다.

만약 어디에나 자전거 전용차선이 있고, 자동차를 이용하던 사람들도 자전거를 이용한다면 이 세상은 어떠한 모습이 될까? 만약 모든 사람이 재사용을 실천하고, 에너지 효율을 높이고, 재생 가능 에너지를 사용하고, 콘돔을 사용하고, 유기농 식품을 먹는다면 이 세상은 어떤 모습이 될까? 그렇게 된다면 우리는 생태계 파괴의 주범인 과소비와 지구를 위협하는 인구폭발을 통제할 수 있을 것이다. 만약 세계가 이처럼 작은 행동으로 지구를 구하는 슈퍼영웅(superhero)으로 가득 찬다면 환경계의 제임스 본드는 필요치 않을 것이다.

부록 1 **참고자료**(북미)

책을 읽거나 책을 쓴다고 해서 슈퍼영웅이 되는 것은 아니다. 그러나 정보를 접하는 것은 행동을 하기 위한 중요한 첫걸음이다. 제일 먼저 정보를 찾아보고 당신이 환경을 위해 할 수 있는 게 무엇인지 알아보라. 다음에 나오는 자료들은 지속 가능한 경이에 대해 알려주고 실천할 수 있게 도움을 주는 기관의 주소와 인터넷 사이트이다.

자전거

일주일에 한 번 정도 차 대신 자전거 타기를 시도해 보자. 다음에 나와 있는 기관이나 웹사이트를 방문하면 자전거 타기를 보급시켜 모두에게 안전한 도로를 만들기 위해 노력하는 수많은 지역단체에 대해 알아볼 수 있다.

Surface Transportation Policy Project

1100 17th St. NW, 10th floor Washington, DC 20036

(202) 466 - 2636

www.transact.org

Better Environmentally Sound Transportation

822-510 W Hastings St. Vancouver, BC V6B 1L8

(604) 669-2860

www.sustainability.com/best

참고: 자전거를 정기적으로 탈 경우 비오는 날을 대비해 흙받이를 준비해야 한다. 그리고 자전거를 탈 때에는 항상 헬멧을 써야 하며 음주운전은 절대 금해야 한다.

콘돔

절대로 불안전한 섹스를 하지 말자. 도움이 필요하다면 다음과 같은 기관들을 방문해 보기 바란다.

Planned Parenthood Federation of America

810 Seventh Ave. New York, NY 10019

(800) 829-PPFA

www.plannedparenthood.org

Planned Parenthood Federation of Canada

1 Nicholas St. Suite 430 Ottawa, ON K1N 7B7

(613) 241-4474

www.ppfc.ca

Zero Population Growth

1400 16th St. NW, Suite 320 Washington, DC 20036

(800) 767-1956

www.zpg.org

Childbirth by Choice Trust

344 Bloor St. W, Suite 502 Toronto, ON M5S 3A7

(416) 961-7812

www2.cbctrust.com/cbctrust/

천장선풍기, 빨랫줄

에너지 효율적이고 재생 가능한 에너지기술에 관해서 좀더 쉽게 이해하고 싶다거나 최신 정보를 알고 싶다면 로키산맥협회(RMI)에 연락해 보라.

Rocky Mountain Institute

1739 Snowmass Creek Road

Snowmass, CO 81654

(970) 927-3851

www.rmi.org

참고: 난방과 냉방은 불을 켜는 것보다 훨씬 많은 에너지를 소비한다. 따라서 백열전구 교체를 걱정하기보다 난로, 온수기, 냉방장치의 에너지 소비 감소에 초점을 맞춰야 한다. 창문, 지붕, 문, 파이프를 절연시키고 샤워나 세탁을 할 때 뜨거운 물의 양을 줄이는 것이 가정에서 에너지를 절약하는 우선 순위이다.

에너지 효율과 재활용 에너지를 지지한다면 기후 변화를 막기 위하여 노력하는 다음과 같은 기관에 참여해 보자.

U.S Climate Action Network

1200 New York Ave. NW, Suite 400

Washington, DC 20005

(202) 289-2401

www.climatenetwork.org/USCAN/index.html

David Suzuki Foundation

2211 W 4th Ave. Suite 219

Vancouver, BC V6K 4S2

(604) 732-4228

www.davidsuzuki.org

타이국수

Families Against Rural Messes의 웹사이트에는 많은 정보와 기업축산에서 발생되는 환경오염과 싸우는 다른 그룹들이 링크되어 있다. EarthSave International에서는 미국과 캐나다 사람들이 먹이사슬의 아래 단계, 즉 채식을 하도록 권장하고 있다. 참여하고 싶다면 타이 국수를 직접 요리해 보자.

Families Against Rural Messes

P O. Box 615 Elmwood, IL 61529

(309) 742-8895

www.netins.net/showcase/megahoglaws/

EarthSave International

600 Distillery Commons, Suite 200

Louisville, KY 40206

(502) 589-7676

www.earthsave.org

www.earthsave.bc.ca

공공도서관

지역적으로 '도서관 친구' 모임을 결성하거나 참여해 보자. 그렇지 않으면 도서관 지지 모임에 접촉해 보는 것도 좋을 성싶다.

Libraries for the Future

121 W 27th St, Suite 1102

New York, NY 10001

(800) 542-1918

www.LFF.org

Canadian Library Association

200 Elgin Street, Suite 602

Ottawa, ONT K2P 1L5

(613) 232-9625

www.cla.amlibs.ca

무당벌레

과도한 살충제와 에너지를 사용하지 않는 사람들과 유기농업을 실천하는 농부를 지원하자. 가게에서 유기농산물을 구입하고 토종 농산물을 지킬 수 있도록 정치적인 투쟁도 지원하자.

Pesticide Action Network North America
49 Pcwell St, Suite 500
San Francisco, CA 94102
(415) 981-1771
www.panna.org

Sierra Club of Canada Pesticides Campaign
412-1 Nicholas St.
Ottawa, ONT K1N 7B7
(613) 241-4611
www.sierraclub.ca/national/pest/index/html

참고: 가게에서 파는 유기농산물이 너무 비싸다고 생각한다면 직접 재배 하든지 유기농산물 가격을 결정하는 정책을 지지하라.

부록 2 **참고자료**(우리나라)

자전거

우리나라에서도 최근 10년간 자동차가 3배 이상으로 불어나 2000년 현재 등록된 자동차 수가 무려 1623만 대나 된다. 이중에서 승용차는 957만 대로 59퍼센트를 차지한다. 이에 반해 자전거 생산 대수는 최근 10년간 계속 감소하는 추세이며, 상대적으로 값싼 중국제 자전거의 수입이 늘고 있다. 우리나라에서 자전거를 가장 많이 이용하는 도시는 경북 상주시로 인구 13만 1000명, 4만 3000세대가 살고 있는데 자전거는 8만 5000대가 보급되어 평균 1가구당 2대의 자전거가 있는 셈이다. '상주시 자전거 도로 현황과 방향'에 관한 자료는 상주시 홈페이지(www.sangju.kyongbuk-.kr)에서 다운받을 수 있으며 자전거 이용에 관한 많은 자료가 수록되어 있다.

표1 | 연도별 자동차 증가추세(만대)

연도	1990	1995	2000
승용차	219	671	957
자동차등록대수	519	1220	1623

자료: 통계청(www.stat.go.kr)

표2 | 자전거 수급 현황

연도	1990	1995	2000
생산	1,534,000	1,046,000	685,000
내수	664,000	898,000	888,600
수출	835,000	284,000	75,000
수입	18,300	143,800	374,000

자료: 한국자전거협회

콘돔

통계청에서 발표한 인구증가예측에 의하면 2000년 현재 인구는 4727만 명이며 2010년에는 5062만 명, 2020년에는 5236만 명으로, 2023년경이면 인구 정체현상이 일어날 것이라고 전망하고 있다. 우리나라에서 일년에 출생되는 신생아는 2000년 현재 63만 7000명으로 점점 줄어들고 있는 추세이다. 우리나에서는 원하지 않는 임신과 이에 따르는 낙태가 공공연히 실행되고 있는데, 임신되는 4명의 아이 중에서 3명은 낙태되는 것으로 추산되고 있다. 따라서 일년에 약 200만 건의 낙태가 이루어지고 있다고 할 수 있다. 그러므로 많은 사람이 낙태의 심각성을 깨닫고 콘돔을 사용한다면 상당한 수의 낙태는 피할 수 있을 것이다.

표3 | 출생아 수의 변화

연도	1994	1996	1998	2000
출생아	724,000	629,000	640,000	637,000

천장선풍기

가정용 전력사용량(2000년)을 분야별로 나누어보면 냉장고 24.3퍼센트, 조명용 17.8퍼센트, 조리용(전기밥솥, 전자렌지) 17.3퍼센트, 문화용(TV, 오디오, PC) 14.2퍼센트, 가전용(세탁기, 청소기, 다리미, 세척기 등) 13.9퍼센트, 냉방용(에어컨, 선풍기) 4.9퍼센트, 난방용 2.1퍼센트로 구분된다. 미국과는 달리 냉장고가 가정에서 가장 많은 전기를 소비하고 있다. 최근에는 에어컨이 많이 보급되었지만 사용기간이 그렇게 길지 않으므로 총전력소비량은 많지 않다. 그러나 여름철 첨두전기부하량은 에어컨의 사용에 영향을 받는다고 할 수 있다.

2000년 현재, 우리나라에서 사용하는 1차 에너지 중에서 석유는 52.0퍼센트, 석탄은 22.2퍼센트, 원자력은 14.1퍼센트, 그리고 LNG는 9.8퍼센트를 차지한다. 가장 중요한 에너지원인 석유는 국내에서 한 방울도 생산되지 않으며 전량 수입된다. 석유의 수입액은 2000년 현재 252억 불로 전체 예산 785억 불의 32퍼센트가 원유도입에 사용되었다.

표4 | 연도별 원유도입액(억불)

연도	1990	1995	2000
원유도입액	65	108	252

자료: 통계청(www.stat.go.kr)

가정에서 냉장고를 사용할 때 전력소비를 최소화하는 방안은 다음과 같다.
1) 냉장고 뒤의 냉장 코일이 바람에 잘 통하게 벽과 10센티미터 이상 떼어 둔다.
2) 냉장 코일에 먼지가 쌓이지 않도록 자주 청소를 한다.
3) 뜨거운 음식을 넣을 때에는 식혀서 넣는다.
4) 냉장고 내부공간의 3분의 2까지만 음식을 채운다.
5) 냉장고 문을 자주 열지 않는다.

- 관련 홈페이지 : 에너지관리공단(www.kemco.or.kr)
  한국전력공사(www.kepco.co.kr)

빨랫줄

우리나라에서 사용하는 대체에너지양은 매우 미미한 정도이다. 우리나라에 쏟아지는 태양에너지는 석유로 환산하면 연간 132억 톤에 해당하는 열량이다. 태양열 주택의 온수 이용에 관하여 조사한 바에 의하면 우리나라에서는 3월~10월 사이에는 80도까지, 겨울철인 11월~2월 사이에는 60도까지의 뜨거운 물을 얻을 수 있다고 한다. 태양열을 이용하면 연간 60퍼센트의 난방에너지를 절약할 수 있지만 아직은 집열판을 설치하는 시설비가 비싸서 태양열을 이용하는 시설은 학교교실, 한전사옥 등 공공건물을 중심으로 보급되어 있다. 정부에서는 태양열, 풍력, 소수력, 폐기물소각열 회수, 연료전지 등의 대체에너지 사용의 비율을 2006년까지 국내 총에너지 수요의 2퍼센트를 공급할 계획이다.

- 관련 홈페이지 : 산업자원부(www.mocie.go.kr)

타이국수

우리나라에서도 급속한 경제성장으로 식단이 변하여

채소와 곡물 중심의 식사에서 육류 위주의 식사로 변해 육류 소비가 점점 늘어나고 있다. 쇠고기의 소비량은 최근 10년 동안 2배로 증가하였다. 따라서 쌀의 소비량은 날로 줄어들고 있으며 2002년부터는 쌀 생산 경작지를 줄이려는 정책을 채택하였다. 그렇지만 쌀을 제외한 다른 곡류의 자립도는 매우 낮으며 모든 곡류를 포함하면 곡물자립도는 30퍼센트에 불과하다.

표5 | 쌀 및 육류 소비량(g/1인/1일)

연도	1990	1995	2000
농가 쌀소비량	439	409	387
비농가 쌀소비량	307	278	253
쇠고기 소비량	11.3	18.4	23.0
돼지고기 소비량	32.3	40.5	44.1

자료: 통계청(www.stat.go.kr)

표6 | 가축사육두수 변화(만마리)

연도	1990	1995	2000
소	213	315	213
돼지	453	646	821
닭	7,446	8,580	1억 225

자료: 농림부(www.maf.go.kr)

표7 | 양곡자립도(%)

연도	1991	1995	2000
쌀	102	91	103
보리	74	67	47
밀	0	0	0.1
옥수수	2.2	1.1	0.9
콩	19.4	9.9	6.4
모든 곡류	37.6	29.1	29.7

자료: 농림부(www.maf.go.kr)

공공도서관

우리나라는 다른 선진국에 비하여 공공도서관의 수가 매우 적은 편이다. 1998년 현재 우리나라에는 370개의 공공도서관이 있으며 장서수는 1852만 7579권으로 집계되어 있다.

표8 | 공공도서관 통계

나라	미국	독일	일본	한국
인구수(만명)	2억 7,403	8,213	1억 2,628	4,611
도서관수(개)	8,946	6,313	2,585	370
1인당 장서수(권)	2.59	1.82	2.19	0.40

| 1관당 인구수 | 26,283 | 3,971 | 48,852 | 124,619 |
| 통계년도 | 1996 | 1997 | 1999 | 1998 |

자료: UNESCO Yearbook 1999, 日本の 圖書館 統計と 名簿 1999, 한국도서관통계 1999.

무당벌레

우리나라의 농약생산량은 매년 증가하고 있다. 가장 많이 쓰이는 농약은 살충제로 2000년에는 모두 1만 563톤의 살충제를 생산하였다. 2000년도의 농약생산량은 20년 전에 비하여 60퍼센트 증가하였지만 농부들은 여전히 해충과의 전쟁을 계속하고 있다. 농약을 많이 쓰게 되면 해충과 함께 이로운 천적을 함께 죽이므로 농약으로 해충을 전멸시킬 수는 없다.

표9 농약 생산량(M/T)

연도	1980	1990	2000
살균제	5,591	8,248	9,482
살충제	7,310	9,488	10,563
제초제	3,523	6,274	5,978
기타	1,007	2,600	3,436
계	17,431	26,610	29,459

자료: 농림부(www.maf.go.kr)

참고 문헌

서문

Dalai Lama quoted in John Kenneth Galbraith, "Foreword," in Neva R. Goodwin et al., *The Consumer Society*(Washington, D. C.: Island press 1997). Motor vehicles per adult based on "Regions at a Glance," in *World Resources 1998-99*(New York: Oxford University Press, 1998), and *Motor Vehicle Facts & Figures 95*(Detroit: American Automobile Manufacturers Association, 1995). Colin J. Campbell and Jean H. Laherrère, "The End of Cheap Oil," *Scientific American*, March 1998, predict that global oil production will begin declining by 2010; for other predictions, see "Petroleum Resources: When Will Production Peak?" in *World Resources 1996-97*(New York: Oxford University Press, 1996).

Consequences of North American-style driving derived from data on energy consumption, carbon dioxide emissions, and population for Canada, the United States, and the world in *World Resources 1998-99*. A 60 percent reduction in carbon dioxide emissions will stabilize atmospheric carbon dioxide concentrations at their current levels, according to J. T. Houghton et al., eds., *Climate Change: The IPCC Scientific Assessment* (Cambridge, U.K.: Cambridge University Press, 1990).

Baywatch viewers from *www.baywatch.com*. Most popular series of all time from Bruce Fretts, "Do You Like to Watch?" *Entertainent Weerly*, 8 October 1993. Calories consumed and quotation from Bill McKibben, "A Special Moment in History," *The Atlantic Monthly*, May 1998.

Human influence on global climate from Intergovernmental Panel on Climate Change(IPCC), *Climate Change 1995: The Science of Climate Change* (Cambridge, U.K.: Cambridge University Press, 1996). Forests from Sandra Postel and John C. Ryan, "Reforming Forestry," in Lester R. Brown et al., *State of the World 1991* (New York: Norton,1991). Mass extinction from Marjorie L. Reaka-Kudla et al., eds., *Biodiversity II: Understanding and Protecting Our Biological Resources* (Washington, D.C.: Joseph Henry, 1997). Water from Sandra L. Postel et al., "Human Appropriation of Renewable Fresh Water," *Science*, 9 February 1996. Vegetation from Peter Vitousek et al., "Human Appropriation of the Products of Photosynthesis," *Bioscience*, June 1986. Grasslands from Till Darnhofer, Desertification Control Program Activity Center, United Natitons Environment Programme, Nairobi, Kenya, private communication, 23 May 1991. Chemicals in body fat from Theo Colborn et al., *Our Stolen Future: Are We Threatening Our Fertility, Intelligence, and Survival? — A Scientific Detective Story* (New York: Dutton, 1996).

On the scale of global ecological reform required, see Ernst von Weizsäcker, Amory Lovins, and Hunter Lovins, *Factor Four: Doubling Wealth, Halving Resource Use* (London: Earthscan, 1997); Mathis Wackernagel and William Rees, *Our Ecological Footprint: Reducing Human Impact on the Earth* (Gabriola Island, B.C.: New Society, 1996); and Wolfgang Sachs et al., *Greening the North: A Post-Industrial Blueprint for Ecology and Equity* (New York: Zed, 1998), among others.

자전거

Bicycle-to-car ratio from Lester R. Brown et al., *Vital Signs 1992: The Trends That Are Shaping Our Future* (New York: Norton, 1992). World vehicle production, European cycling rates, and greater cost to support auto traffic from Lester R. Brown et al., *Vital Signs 1998: The Environmental Trends That Are Shaping Our Future* (New York: Norton, 1998). Cyclists in the United States, benefits of bike lanes, short-trip pollution, and senior citizen cyclists from *The Environmental Benefits of Bicycling and Walking*, National Bicycling and Walking Study, Case Study No.15 (Washington, D.C.: U.S. Dept. of Transportation, Federal Highway Administration [FHWA], 1993).

Canadian bicyclists from "Mode of Transport to Work," *The Daily*, Statistics Canada, Ottawa, 17 March 1998, available at *www.statcan.ca/Daily/*. Canadian fatalities and registered drivers from *Transportation in Canada 1997*, Annual Report(Ottawa: Transport Canada, 1998), available at *www.tc.gc.ca/tfacts/anre1997/*.

Most energy-efficient form of travel form John C. Ryan and Alan Thein Durning, *Stuff: The Secret Lives of Everyday Things*(Seattle: Northwest Environment Watch, 1997). For a thorough comparison of the environmental costs of cars and bicycling, see Ryan and Durning, *Stuff*.

Leading cause of death from *Accident Facts, 1995* (Itasca, Ill.: National Safety Council, 1995); J. M. McGinnis and W. H. Foege, "Actual Causes of Death in the United States," *Journal of the American Association*, 10 Novem-ber 1993; John Barber, "Mom's Taxi Could Be a Death-trap," Toronto *Globe and Mail*, 8 March 1995; and *The Global Burden of Disease and Injury Series*(Cambridge, Mass.: Harvard School of Public Health, Center for Population and Development Studies, 1996), executive summary at *www.hsph.harvard.edu/organizations/bdu/*.

Share of trips from *Our Nation's Travel: 1995 NPTS Early Results Report*(Washington, D.C.: FHWA, 1997), available at *wwwcta.ornl.gov/npts/*. Three-car households from *Statistical Abstract of the United States 1998*(Washington, D.C.: U.S. Bureau of the Census, 1998). Who can afford vehicles from Ed Ayres, "Breaking Away," *World Watch*,

February 1993. China cropland based on Marcia Lowe, *The Bicycle: Vehicle for a Small Planet* (Washington, D.C.: Worldwatch, 1989).

Trip lengths from *Nationwide Personal Transportation Survey: NPTS Databook 1990* (Washington, D,C.: FHWA, 1994), available at *www-cta.ornl.gov/npts/1990/*. "Errandsville" and Dutch children from Barbara Flanagan, "Cyclist's Fix for Cities: Shift Gears," *New York Times*, 22 May 1997.

Tunnels of pollution from *Road User Exposure to Air Pollution: Literature Review* (London: Environmental Transport Association and Institute for European Environmental Policy,1997).

Bicyclists' death rates in the Untied States from Susan P. Baker et al., *Injuries to Bicyclists: A National Perspective* (Baltimore: Johns Hopkins University, Injury Prevention Center,1993), and from T. Ayres et al., "Risk Analysis and Bicycling Injuries," Exponent Failure Analysis Associates, Menlo Park, Cal., November 1998.

Helmets, fatalities, and motorcycle risks from Bicycle Helmet Safety Institute, Arlington, Va., "A Compendium of Statistics from Various Sources," *www.bhsi.org/webdocs/stats.htm* viewed July 16, 1998.

Safer form of exercise from Ayres et al., "Risk Analysis and Bicycling Injuries." Toll of sedentary lifestyle, "nearly half of recreational riders," Japanese commuters, ISTEA, Dutch roads budget, and H. G Wells quote from *The National Bicycling and Walking Study: Transportation Choices for a Changing America, Final Report* (Washington, D.C.: FHWA, 1994).

Davis from *Improving Conditions for Bicycling and Walking: A Best Practices Report* (Washington, D.C.: FHWA, 1998). Traffic calming discussed in Andy Clarke and Michael Dornfeld, *Traffic Calming, Auto Restricted Zones, and Other Traffic Management Techniques: Their Effect on Bicyclists and Pedestrians*, National Bicycling and Walking Study, Case Study No. 19(Washington, D.C.: FHWA,1993). Speed-fatality link from *Mean Streets: Pedestrian Safety and Reform of the Nation's Transportation Law* (Washington, D.C.: Environmental Working Group and Surface Transportation Policy Project, 1997), available at *www.ewg.org*.

Numbers of registered drivers from American Automobile Manufacturers Association, *Motor Vehicle Facts and Figures 1997,* and from *Transportation in Canada 1996,* Annual Report(Ottawa: Transport Canada, 1996). Livable cities and suburban vs. city driving from Alan Thein Durning, *The Car and the City* (Seattle: Northwest Environment Watch, 1996).

Bike racks from Dave Olsen, "On the Road to Auto-Free Living, Part III: Multimodal Cycling!" *Spoke 'n' Word*, newsletter of Better Environmentally Sound Transportation, Vancouver, B.C., spring/ summer 1998.

Other sources: International Police Mountain Bike Association, Washington, D.C., "Police on Bikes Fact Sheet," *www.bikeleague.org/ipmba2/factsht.htm*, viewed

August 27, 1998; Natural Resources Defense Council, "ISTEA II Passes At Last," *www.nrdc.org/nrdcpro/analys/ tristea.html*, viewed July 22, 1998.

콘돔

Daily sexual acts and their implications based on Pramila Senanayake and Malcolm Potts, *An Atlas of Contraception* (New York: Parthenon, 1995), and on Bill Bremner, University of Washington, Seattle, Private communication, 6 March 1998. Daily condom use based on average of figures in Senanayake and Potts, *An Atlas of Contraception*, and in London International Group, London "Condoms in the Age of AIDS," *www.durex.com/ scientific/faqs/material.html*, viewed March 25, 1998.

Condom sales and condom use of Americans with multiple sex partners from "How Reliable Are Condoms?" *Consumer Reports*, May 1995. USAID form Paula L. Green, "Condom Companies in U.S. Eye Sales Growth Abroad," *Journal of Commerce*, 28 March 1995. Widespread availability from Marcia Mogelonsky, "Bye-Bye Birth Control," *American Demographics*, January 1996.

AIDS among Canadian minorities and condom use of Canadians with multiple sex partners from Eleanor Maticka-Tyndale, "Reducing the Incidence of Sexually Transmitted Disease through Behavioural and Social Change," *Canadian Journal of Human Sexuality*, June 1997, available at *www.hc-sc.gc.ca/main/lcdc/web/*

Publicat/cjhs/cjhs2.html.

Golbal toll of HIV and AIDS from *The World Health Report 1998*(Geneva: World Health Organizatuon, 1998), and from Lawrence K. Altman, "Parts of Africa Showing H.I.V. in 1 in 4 Adults," *New York Times*, 24 June 1998. AIDS as a leading cause of death in the United States from *The World Health Report 1998* and from U.S. Dept. of Health and Human Services, Centers for Disease Control and Prevention, Hyattsville, Md., *www.cdc.gov/nchswww/*, viewed January 18, 1999. Canadian AIDS rates from *AIDS in Canada: Annual Report on AIDS in Canada* (Ottawa: Health Canada, Laboratory Centre for Disease Control [LCDC], 1996) and LCDC, "HIV and AIDS in Canada: Surveillance Report to June 30, 1998," both at *www.hc-sc.gc.ca/main/lcdc/web/Publicat/aids/*, viewed January 19, 1999

Incidence of STDs from *The World Health Report 1998*. Health impacts of STDs and 500 million couples lacking contraceptive access, from Jodi L. Jacobson, *Women's Reproductive Health: The Silent Emergency* (Washington, D.C.: Worldwatch,1991). "One woman dies each minute" from *Population and Consumption Task Force Report*(Washington, D.C.: President's Council on Sustainable Development(PCSD),1996). Fathalla quote from *Reproductive Health: A Key to a Brighter Future* (Geneva: World Health Organization, 1992).

Unwanted births and pregnancies from Institute of Medicine, *Best Intentions: Unintended Pregnancy and the*

Well-Being of Children and Families(Washington, D.C.: National Academy Press. 1995), and from Childbirth by Choice Trust, Toronto, "Contraceptive Use in Canada," *www2.cbctrust.com/cbctrust/*, viewed June 17, 1998.

World population growth and comparison of babies' lifetime impacts(based on life expectancy and per capita GNP figures) from Population Reference Bureau, "1998 World Population Data Sheet," Washington, D.C., 1998, summary available at *www.prb.org*. Canadian and U.S. population growth based on *Statistical Abstract of the United States 1997*(Washington, D.C.: U.S. Bureau of the Census, 1997) and on Statistics Canada, Ottawa, *www.statcan.ca:80*, viewed August 3, 1998.

Share of couples using contraception from "United Nations Population Division Issues Study on Levels and Trends of Contraceptive Use As Assessed in 1994," press release, New York, 6 March 1997. Family-planning funding cuts from Alan Thein Durning and Christopher D. Crowther, *Misplaced Blame: The Real Roots of Population Growth*(Seattle: Northwest Environment Watch, 1997). Lack of insurance coverage from *Population and Consumption Task Force Report* and from Peter T. Kilborn, "Pressure Growing to Cover the Cost of Birth Control," *New York Time*, 2 August 1998.

One out of five British men from "How Reliable Are Condoms?' Condoms' failure rates and proper use from Alan Guttmacher Institute, New York, "Facts in Brief:

Contraceptive Use," *www.agi-usa.org/pubs/fb_contraceptives.html*, viewed June 4, 1998. Lack of sex education and frequent U.S. contraceptive misuse from *Population and Consumption Task Force Report*. Abstinence education from Tamar Lewin, "States Slow to Take U.S. Aid to Teach Sexual Abstinence," *New York Times*, 8 May 1997.

Natural vs. synthetic rubber from Wade Davis, *One River: Explorations and Discoveries in the Amazon Rain Forest* (New York: Touchstone, 1996). Condom-tire comparisons based on weighing of Trojan condoms and packaging (twelve-pack), Kevin Jost, "Tire Materials and Construction," *Automotive Engineering*, October 1992, and on Arsen J. Darnay, ed., *Manufacturing USA*, Vol.(Detroit: Gale, 1995).

Nonoxynol-9 side effects from Stephan D. Fihn et al., "Association Between Use of Spermicide-coated Condoms and *Escherichia coli* Urinary Tract Infection in Young Women," *American Journal of Epidemiology*, 1 September 1996. Frequency and costs of UTIs from Markus J. Steiner and Willard Cates, Jr., "Condoms and Urinary Tract Infections: Is Nonoxynol-9 the Problem or the Solution?" *Epidemiology*, November 1997. Endocrine effects of N-9 from A. S. Bourinbaiar, "Nonoxynol-9 as a Xenobiotic with Endocrine Activity," *AIDS*, October 1997, and from Colborn et al., *Our Stolen Future*.

천장 선풍기

New U.S. houses with air-conditioning and Japanese

compact fluorescent fixtures from David Malin Roodman and Nicholas Lenssen, *A Building Revolution: How Ecology and Health Concerns Are Transforming Construction*(Washington, D.C.: Worldwatch, 1995). Canadian households with air-conditioning from Statistics Canada, Household Surveys Division, Ottawa, "Household Facilities and Equipment," Catalogue 64-202, annual, various years. Share of U.S. homes having air-conditioning, having celing fans, and failing to adjust thermostats from U.S. Dept. of Energy, Energy Information Administration(EAT), "Detailed Housing Characteristics Tables," in *Residential Energy Consumption Survey 1997, www.eia.doe.gov/emeu/recs/97tblhp.html*, viewed July 20, 1998.

Air-conditioning's share of U.S. electricity from EIA, *Household Energy Consumption and Expenditures, 1993*, available at *www.eia.doe.gov/emeu/recs/recs1d.html*. Air-conditioning's share of U.S. peak power load, "can set a thermostat 9°F higher," Davis tract house, lighting's share of U.S. electricity, and Lovins' quote from von Weizsäcker, Lovins, and Lovins, *Factor Four*;

Electricity-caused air pollution from Daniel Lashof, "Electricity Competition: Dirty or Clean?" U.S. Climate Action Network *Hotline*, November 1996, and from A. Jaques et al., *Trends in Canada's Greenhouse Gas Emissions 1990-1995*(Ottawa: Environment Canada, 1997). Pollution caused by average air-conditioning, "each degree you turn up the thermostat," and buildings' total energy and electricity use from Richard Heede et al., *Homemade Money: How to Save Energy and Dollars in Your Home* (Snowmass, Colo.: Rocky Mountain Institute, 1995).

Exports of HVAC from "Degree of Comfort," *Appliance*, November 1997. India from "India's Cool Competitor," *Appliance*, October 1997. CFCs from Brown et al., *Vital Signs 1998*.

Cost comparison from *Consumer Reports Buying Guide 1998* (Yonkers, N.Y.: Consumers Union, 1997). Per capita energy consumption from *Statistical Abstract of the United States 1996* (Washington, D.C.: U.S. Bureau of the Census, 1996) and from Irfan Hashmi, "Energy Consumption Among the G-7 Countrises," *Canadian Economic Observer* (Statistics Canada, Ottawa), 7 May 1995.

Deregulation based on John C. Ryan, *Over Our Heads: A Local Look at Global Climate* (Seattle: Northwest Environment Watch, 1997). Taxes from Alan Thein Durning and Yoram Bauman, *Tax Shift* (Seattle: Northwest Environment Watch, 1998). Effect of casual dress from Gerald Cler et al., *Commercial Space Cooling and Air Handling: Technology Atlas* (Boulder, Colo.: E Source, 1997), abstract available at *www.esource.com*

Floor lamp numbers; solar and CFL comparisons; and fires and universities from Lawrence Berkeley National Laboratory(LBNL), Berkeley, Cal., "Quick Facts about Halogen and Torchieres," *eande.lbl.gov/BTP/facts.html*. Nationwide halogen lamp power consumption from Marla

C, Sanchez et al., "Miscellaneous Electricity Use in the U.S. Residential Sector," LBNL, April 1998. Electricity consumption in the United States from *World Resources 1998-99*.

빨랫줄

Dryers' electricity costs and moisture sensor energy savings from U.S. Dept. of Energy(DOE), Energy Efficiency and Renewable Energy Network, "Clothes Dryers," *www.eren.doe.gov/buildings/consumer_information/*, viewed July 17, 1998. Clothing expenditures in the United States from *Statistical Abstract of the United States 1998*.

Dryer history and watt-house per load based on Jennifer Bennett, "On the Clothesline," *Utne Reader*, May/June 1993. Households in the United States having electric and gas dryers and those using clotheslines from DOE, Energy Information Administration, Washington, D.C., "1997 Residential Energy Consumption Survey." *www.eia.doe.gov/emeu/consumption/index.html*, viewed July 20, 1998. Historical data on dryer ownership from *Statistical Abstract of the United States* (Washington, D.C.: U.S. Bureau of the Census, annual) and from Statistics Canada. Household Surveys Division, "Household Facilities and Equipment." Clothesline bans from Richard D. Smyser, "Better to Enshrine Than to Ban the Flapping Clothesline," *The OakRidger*, 26 August 1997, available at *www.oakridger.com*, and from Bennett, "On the Clothesline."

Renewables' share of world energy from *World Resources 1996-97*. Clothesline paradox from Steve Baer, *Sunspots:An Exploration of Solar Energy through Fact and Fiction* (Albuquerque, N.M.:Zomeworks, 1979).

Six to eight loads per week from "Laundry Solutions." Appliance, n.d., *www.appliance.com/psarchives/ps.arch.laundry.4.htm*, veiwed September 20, 1998, and from Dalhousie University Polytechnic, Canadian Residential Energy End-Use Data and Analysis Centre, Halifax, N.S., *enerInfo Residential* (newsletter), July 1996, available at *is.dal.ca/~creedac/news.html*. Dryers' share of home electricity use from Rocky Mountain Institute, Snowmass, Colo., "Home Energy Brief #6: Washers, Dryers & Misc. Appliances," available at *www.rmi.org/hebs/heb6/heb6.html*. Carbon dioxide emissions based on Heede et al., *Homemade Money*, and on A. Jaques et al., *Trends in Canada's Greenhouse Gas Emissions 1990-1995*. Three kilowatthours per load from Bennett, "On the Clothesline."

Microwave dryers from the Electric Power Research Institute, Palo Alto, Cal., *www.epri.com*, viewed July 23, 1998.

Solar energy reaching Earth's surface and Israeli solar hot water heaters from Christopher Flavin and Nicholas Lenssen, *Power Surge:Guide to the Coming Energy Revolution* (New York: Norton, 1994). World commercial energy production from *World Resources 1998-99*. Rooftop solar potential in the United States and European and global wind power trends from Christopher Flavin and Seth Dunn, *Rising Sun, Gathering Winds: Policies to Stabilize the Climate and Strengthen Economies* (Washington, D.C.: Worldwatch, 1997). Wind potential in the United States, wind power costs, and dropping PV costs from Douglas H. Ogden, *Boosting Prosperity: Reducing the Threat of Global Climate Change through Sustainable Energy Investments* (Washington, D.C: Environmental Information Center, 1996).

Energy costs of washers vs. dryers from Franklin Associates, "Resource and Environmental Profile Analysis of a Manufactured Apparel Product," prepared for the American Fiber Manufacturers Association, Washington, D.C., June 1993, as cited in Ryan and Durning, *Stuff*. Percentage of home energy use for hot water heating based on EIA, *Household Energy Consumption and Expenditures, 1993*, available at *www.eia.doe.gov/emeu/recs/recs1d.html*.

Passive solar design from Chris Herman, "Passive Solar in the Northwest," *EcoBuilding Times*, fall 1996. Half a million PV homes from Christopher Flavin and Molly O'Meara, "A Boom is Solar PVs," *World Watch*, September/October 1998. Sales, investment, and growth of PVs from Brown et al., *Vital Signs 1998*.

Canadian wind farms from Canadian Wind Energy Association, Calgary, "Quick Facts," *www.canwea.ca*, viewed September 10, 1998. Wind turbine noise from

Stuart Baird, Energy Educators of Ontario, "Energy Fact Sheet: Wind Energy," 1993, available at International Council for Local Environmental Initiatives, *www.iclei.org/efacts/wind.htm*. Risk to birds from Steward Lowther, "Impacts, Mitigation and Monitoring: A Summary of Current Knowledge," paper presented at *Wind Turbines and Birds* seminar, March 1996, summarized at British Wind Energy Association, London, *www.bwea.com/birdsh.htm*, viewed September 3, 1998, and from Danish Wind Turbine Manufacturers Association, Copenhagen, "Birds and Wind Turbines," *www.windpower.dk/tour/env/birds.htm*, viewed July 23, 1998.

Japanese solar initiative from Jeremy Leggett, "Fuelling Solar Power," *ReInsurance*, March 1997, Flavin and Dunn, *Rising Sun, Gathering Winds*, and from Brown et al., *Vital Signs* 1998.

Population without electricity from Leggett, "Fuelling Solar Power." Canadian and U.S. subsidies from Flavin and Dunn, *Rising Sun, Gathering Winds*. Danish turbine sales from American Wind Energy Association, Washington, D.C., "World Wind Industry Grew by Record Amount in 1997," press release, 30 January 1998, available at *www.igc.apc.org/awea/news/news9801intl.html*.

Bonneville Power Administration from Kevin Bell, "The Unbearable Rightness of Green," *Cascadia Times*, August 1997. Student colthesline protest from Middlebury College, Office of Public Affairs, "Student Activists Have a

New Line at Middlebury College," press release, Middlebury, V., 13 February 1997, available at *www.middlebury. edu/~pubaff/press97/clothes.html*.

타이 국수

Most common Thai foods and farang foods from Marilyn Walker, "A Survey of Food Consumption in Thailand," University of Victoria, Centre for Asia-Pacific Initiatives, Victoria, B.C., Occasional Paper, 11 June 1996.

Asian restaurant trends from Carolyn Walkup, "Asian Invasion Sweeps U.S As Sushi, Noodles Become Mainstream," *Nation's Restaurant News*, 15 December 1997, and from "Asian Accents," *Restaurant Hospitality*, June 1997. Supermarkets from Stephanie Thompson, "Spice of Life," *Brandweek*, 1 September 1997.

Fish consumption from Food *Balance Sheets* (Rome: Food and Agriculture Prganization of the United Nations [FAO], 1996). Per capita rice consumption in the United States from *Agriculture Factbook 1997* (Washington, D.C.: USDA, Office of Communications, 1997), available at *www.usda.gov/ news/pubs/*. Share as beer from USDA, Economic Research Service(ERS), Washington, D.C,. "Rice Outlook, May 1998," available at *jan mannlib.cornell.edu/reports/erssor/field/*.

Asians' calorie intake from animal products from *Sixth World Food Survey* (Rome: FAO, 1996). Rice popularity and sayings from Mahabub Hossain, "Sustaining Food Security in Asia: Economic, Social and Political Aspects," in Pacific

Basin Study Center, San Francisco, on-line forum on Sustainable Development of Rice as a Primary Food, *thecity.sfsu.edu/~sustain/welcome.html*, viewed July 2, 1998.

China Project described in T. Colin Campbell and Chen Junshi, "Diet and Chronic Degenerative Diseases: Perspectives from China," *American Journal of Clinical Nutrition,* May 1994(supplement). United States-China diet comparisons adjusted for body Weight. Beijing McDonald's from Nicholas D. Kristof, "'Billions Served'(and That Was Without China)," *New York Times*, 24 April 1992. Per capita meat consumption in various nations from USDA, Foreign Agricultural Service(FAS), Washington, D.C., on-line livestock tables, available at *ffas.usda.gov/dlp/circular/1998/98-031p/tables/livestock.html*, Alan B. Durning and Holly B. Brough, *Taking Stock: Animal Farming and the Environment* (Washington, D.C.: Worldwatch, 1991), and from Walker, "A Survey of Food Consumption in Thailand."

Diet-cancer links from *Food, Nutrition, and the prevention of Cancer: A Global Perspective* (Washington, D.C.: World Cancer Research Fund and American Institute for Cancer Research, 1997). Campbell prediction from "Interview: Colin Campbell," *host.envirolink.org/mcspotlight-na/people/interviews/campbell.html*, viewed July 9, 1998.

Lack of fruits and vegetables in U.S diet from "Feeding Frenzy," *Newsweek*, 27 May 1991. Obesity from Gary

Taubes, "Obesity: How Big a Problem?" *Science*, 29 May 1998. Medical costs from Neal D. Barnard et al., "The Medical Costs Attributable to Meat Consumption," *Preventive Medicine*, November 1995.

American fat intake from 'Fat Intake Continues to Drop," USDA Agricultural Research Service, Press release, Washington, D.C., 16 January 1996. Red meat consumption from USDA, ERS, *Red Meat Yearbook, jan.mannlib.cornell.edu/data-sets/livestock/94006/*, viewed June 16, 1988, and from Statistics Canada, Ottawa, "Per Capita Disappearance of Meats in Canada by Kind, in Pounds, from 1920," *www.statcan.ca/cgi-bin/Cansim/cansim?-matrix=001182*. Red meat consumption peak from Durning and Brough, *Taking Stock*, and from Alan B. Durning, "U.S. Poultry Consumption Overtakes Beef," *World Watch*, January/February 1988.

American Cancer Society recommendation from Jane E. Brody, "Women's Heart Risk Linked to Kinds of Fats, Not Total," *New York Times*, 20 November 1997.

Livestock's role in sustainable agriculture from *A Better Row to Hoe: The Economic, Environmental, and Social Impact of Sustainable Agriculture* (St. Paul, Minn.: Northwest Area Foundation, 1994).

Ecological toll of agriculture and livestock in North America based Primarily on Alan B. Durning, "Fat of the Land," *World Watch*, May/June 1991 and on *World Resources 1998-99*. Water consumption from David

Pimentel et al., "Water Resources: Agriculture, the Environment, and Society," BioScience, February 1997. Grain used to make a pound of meat and U.S. livestock's energy consumption from Durning and Brough, *Taking Stoke*.

World livestock numbers from *Production Yearbook 1996* (Rome: United Nations, FAO, 1997). Tons of manure derived from *Statistical Abstract of the United States 1996* and from M. E, Ensminger, *Beef Cattle Science* (Danville, Ill.: Interstate Printers, 1997). "About 130 times more than humans themselves create" from Worldwatch Institute, "Meat Stampede," press release, Washington, D.C., 2 July 1998. Share of nitrogen and phosphorous from Durning, "Fat of the Land." Utah hog farm from Bob Williams, "Boss Hog's New Frontier," *Raleigh News-Observer*, 3 August 1997.

Japanese pesticides from Francesca Bray, "Rice Systems in Asia and Sustainability: An Anthropological and Historical Approach," in Pacific Basin Study Center, San Francisco, on-line forum on Sustainable Development of Rice as a Primary Food, *thecity.sfsu.edu/~sustain/welcome.html*, viewed July 2, 1998. Methane emissions from Intergovernmental Panel on Climate Change, Climate Change 1994: Radiative Forcing of Climate Change (Cambridge, U.K.: Cambridge University Press, 1995), and from R. Hein et al., "An Inverse Modeling Approach to Investigate the Global Methane Cycle," *Global Biogeochemical Cycles*, March 1997.

Population projections, malnutrition, and poverty from *World Resources 1998-99*. Implications of global adoption of American diet based on *Statistical Abstract of the United States 1996;* on USDA, ERS, *Red Meat Yearbook;* and on *World Resources 1996-97*.

Acreage to support U.S. and Chinese diets from David Pimentel, "The Global Population, Food, and the Environment," in L. Westra and J. Lemons, eds. *Perspectives on Ecological Integrity* (Dordrecht, The Netherlands: Kluwer Academic, 1995).

"Halved my food's impact" refers to grain and energy savings. Most popular ethnic foods from Wilbur Zelinsky, "You Are Where You Eat," *American Demographics*, July 1987. Canadians and macaroni from Joan Skogan, "An Orange Crush: Canadians Eat More Kraft Dinner Than Anyone Else in the World," *Saturday Night*, November 1996

공공 도서관

Average U.S. library circulation and book buying, per capita library operating expenditures, and per capita book borrowing based on *American Library Directory 1996-1997* (New Providence, N.J.: R. R. Bowker, 1996). Average U.S. library book buying is a Northwest Environment Watch estimate based on above and on Barbara Hoffert, "Book Report: What Public Libraries Buy and How Much They Spend," *Library Journal*, 15 February 1998.

Canadian library circulation and per capita book borrowing based on *Bowker Annual Library and book Trade Almanac 1997* (New Providence, N.J.: R. R. Bowker, 1997). Canadian per capita book buying based on Statistics Canada, Ottawa, data at *www.statcan.ca:80/english/ Pgdb/People/Culture/arts01a.htm*, viewed September 2, 1998; data for book purchases by Canadian libraries are not available.

Environmental saving also derived from: paper shipments to book publishers from Publishers from *Pulp and Paper North American Industry Fact Book* (San Francisco: Miller Freeman, 1995); *U.S. book sales from Statistical Abstract of the United States 1996*; and specific impacts of office paper from *Paper Task Force Recommendations for Purchasing and Using Environmentally Preferable Paper* (New York: Environmental Defense Fund, 1995), assuming that the average book has 10 percent recycled content.

Global paper consumption (including paperboard) from Brown et al., Vital Signs 1998. Information on the berkeley Tool Lending Library is available at *www.ci.berkeley.ca.us/ bpl/tool/history.html*.

Fifty-dollar savings based on book expenditures from *Statistical Abstract of the United States 1996*. Per capita library operating expenditures from *American Library Directory 1996-1997*.

Canadian funding cutbacks from "Dividends: The Value of Public Libaries in Canada," Canddian Library

Association, Ottawa, *www.cla.amlibs.ca/capl/caplcovr.htm/*, viewed September 2, 1998. U.S. funding in 1990s from Evan St. Lifer, "Book Industry Study: Libraries Spend $1.8 Billion on Book," *Library Journal*, 15 September 1997. Library referenda from Richard B. Hall, "A Decade of Solid Support," Library Journal, 15 June 1997. Harris quotation, U.S. spending history, system "without equal," and Europe's libraries from Michael H. Harrris, *History of Libraries in the Western World* (Metuchen, N.J.: Scarecrow Press, 1995).

The U.S. library funding cuts, school library statistics, and library user demographics from Tibbett L. Speer, "Libraries from A to Z." *American Demographics*, September 1995, available at *www.demographics.com*.

Adult use of libraries from U.S. Dept. of Education, National Center for Education Statistics, Washington, D.C., "Use of Public Library Services by Households in the United States: 1996," *nces01.ed.gov:80/pubs/97446.html*, viewed January 20, 1999, and from *Canadians, Public Libraries, and the Information Highway*, Final Report (Ottawa:Ekos Research Associates, 1998), available at *www.schoolnet.ca./ln-rh/*.

Video statistics from Video Software Dealers Association, "The Home Video Industry: A White Paper on the Future of Home Video Entertainment," 1996, *www.vsda.org/whitepaper/whitpapr.htm*, viewed July 2, 1998; it takes one sixth of a gallon of petroleum to make a standard videocassette, according to Nikki Goldbeck and David Goldbeck, *Choose to Reuse: An Encyclopedia of Services, Priducts, Programs, and Charitable Organizations That Foster Reuse* (Woodstock, N.Y.: Ceres Press, 1995).

Resale industry growth from National Association of Resale and Thrift Shops, St. Clair Shores, Mich, *www.narts.org*, viewed July 9, 1998, and from Carolotta G. Swarden, "Nonprofit and For-Profit Thrift Shops Battle for Customers, Merchandise," *Not for Profit Times*, May 1996, *www.nptimes.com*. Reuse trends from Kathy Stein, *Beyond Recycling: A Re-user's Guide* (Santa Fe, N.M.: Clear Light, 1997). Savings from refillables, Denmark's refills, and "90 percent of shipped goods" from Goldbeck and Goldbeck, *Choose to Reuse*. Canadian Beer bottles from Teresa Coleman, Brewers' Association of Canada, Vancouver, private communication, 24 September 1998.

Containerboard waste and overnight shipping from *Preferred Packaging: Accelerating Environmental Leadership in the Overnight Shipping Industry* (Boston: The Alliance for Environmental Innovation, 1997).

무당벌레

Origins of ladybug's name and larva's aphid consumption from "Lady Beetles," *Entomology Note* No.6, Michigan Entomological Society, East Lansing, Mich., available at *insects.ummz..lsa.umich.edu/MES/notes/entnotes6.html*. Ladybug species numbers from "Ladybird

Beetle," *Columbia Encyclopedia*, Edition 5, 1993 and from Rob Simbeck, "Ladybugs," *The Conservationist*, April 1994. Adult's aphid consumption from Stephanie Bailey, "Ladybugs," Cooperative Extension Service, University of Kentucky College of Agriculture, *www.uky.edu/Agriculture/Entomology/entfacts/fldcrops/ef105.htm*, viewed April 23, 1998.

World pesticide sales from "Chemicals: Specialty" *Standard & Poor's Industry Surveys*, 23 October 1997. Value of natural pest control and volume of soil production from Robert Costanza et al., "The Value of the World's Ecosystem Services and Natural Capital," Nature, 15 May 1997; supplementary information posted at *www.nature.com*.

Toxicity, volume, and various problems of U.S. pesticides; delayed return of earthworms; "2 to 5 applications"; share of U.S. farmers practicing IPM; and U.S. government programs that encourage heavy pesticide use from Charles M. Benbrook et al., *Pest Management at the Crossroads* (Yonkers, N.Y.: Consumers Union, 1996).

"Flying $50 bills," reduced cotton and blueberry yields, "90 percent of world's foowering plant species," and "80 percent of world's cultivated crop species" from Mrill Ingram, Gary P. Nabhan, and Stephen Buchmann, "Ten Essential Reasons to Protect the Brids and the Bees," Forgotten Pollinators Campaign, Arizona-Sonora Desert Museum, Tuscon, Ariz., 1996, available at *www.desert.net/museum*. Quote from Stephen Buchmann and Gary Paul

Nabhan, "The Pollination Crisis," *The Sciences*, July/August 1996; also see *The Forgotten Pollinators* (Washington, D.C.: Island Press, 1996). Cotton crop losses from Janet N. Abramovitz, "Valuing Nature's Services," in Lester R. Brown et al., *State of the World 1997* (New York: Norton, 1997).

Share of crops lost to pests from Edward Tenner, *Why Things Bite Back: Technology and the Revenge of Unintended Consequences* (New York: Vintage, 1997), citing Robert M. May and Andrew P. Dobson, "Population Dynamics and the Rate of Evolution of Pesticide Resistance," in *Pesticide Resistance: Strategies and Tactics for Management* (Washington, D.C.: National Academy Press, 1986). Carson quote from Rachel Carson, *Silent Spring* (Boston: Houghton Mifflin, 1962).

Nations allowing DDT and tons of soil eroded per capita from *World Resources 1998-99*.

Certified organic sales in the United States from Julie Anton Dunn, "Organic Food and Fiber: An Analysis of 1994 Certified Production in the United States," USDA, Agricultural Marketing Service, Transportation and Marketing Division, Washington, D.C., September 1995. Canadian organics from George C. Myles, "Defining Moment: Canadian Prganic Regs Are Coming," USDA, FAS, *www.fas.usda.gov/info/agexporter/1997/defining.html*, viewed September 29, 1998.

Farmers not seeking organic certification from

Vegetables and Specialties Situation and Outlook, USDA, ERS, Washington, D.C., 5 May 1997, available at *http://usda.mannlib.cornell.edu/reports/erssor/*. Organic sales and acreage in the United States from Julie Anton Dunn, "Organic Foods Find Opportunity in the Natural Food Industry," *Food Review*, USDA, ERS, Washington, D.C., September-December 1995. Canadian organics from Anne Macey, past president, Canadian Organic Growers, Saltspring, B.C., private communication, April 28, 1998.

Groundwater contamination from U.S. Environmental Protection Agency, Office of Water, Washington, D.C., *National Water Quality Inventory: 1996 Report to Congress*, *www.epa.gov/OW/resources/9698/chap61.html*, viewed September 24, 1998.

Fertilizer discussion largely from Peter M. Vitousek et al., "Human Alteration of the Global Nitrogen Cycle: Causes and Consequences," *Issues in Ecology*, spring 1997. Half of all fertilizer ever made from "Nutrient Overload: Unbalancing the Global Nitrogen Cycle," in *World Resources 1998-99*. Recent fertilizer use trends from Brown et al., *Vital Signs 1998*.

Arizona drip irrigation from von Weizsäcker, Lovins, and Lovins, *Factor Four*. North Dakota study from *A Better Row to Hoe*.

Canadian greenhouses from Wackernagel and Rees, *Our Ecological Footprint*.

Dangers of exotic ladybugs from "Is That Ladybug

Carrying a U.S. Passport?" *A&S Perspectives*, University of Washington, College of Arts and sciences, winter 1997; "Ladybug," in Washington State University Cooperative Extension, Pullman, "Gardening in Western Washington," *www.cahe.wsu.edu/~wwmg/library/inse001/inse001.htm*, viewed October 21, 1998, and from Daniel Simberloff and Peter Stiling, "How Risky Is Biological Control?" *Ecology*, October 1996. Store-bought ladybug dispersal from William F. Lyon, "Lady, Beetle," fact sheet, Ohio State University Extension, Columbus, *www.ag.ohio-state.edu/~ohioline/hyg-fact/2000/2002.html*, viewed July 29, 1998. Joanna Poncavage, "Get Beneficials to Protect Your Garden!" *Organic Gardening*, May-June 1996, explains how to attract beneficial insects.

Beetle and insect species numbers from Edward O. Wilson, *The Diversity of Life* (Cambridge, Mass: Harvard University Press, 1992). J. B. S. Haldane story from Arthur V. Evans, *An Inordinate Fondness for Beetles* (New York: Henry Holt, 1996). Wilson quote from Edward O. Wilson, "The Little Things That Run the World," *Conservation Biology*, December 1987.

옮긴이 이력

이상훈

학력	1972 서울대학교 사범대학 화학과 졸업
	1985 뉴욕주립대학(Syracuse 소재) 환경과학 박사
경력	뉴욕주립대학 객원교수
	국토개발연구원 수석연구원
	수원대학교 환경공학과 부교수
저서	고양환경과학 1994, 자유아카데미
	자원과 환경론(공저) 1996, 구미서관
	거꾸로 가는 세상에서 1997, 도서출판 빛샘
	청소년 환경교실 1998, 도서출판 따님
	신제 환경영향평가론(공저) 2000, 향둔사
	쉽게쓴 환경과학 2000, 자유아카데미
	쉽게쓴 대학통계 2001, 자유아카데미
역서	녹색의 신(공역) 1996, 도서출판 따님
	질서스를 넘어서 1999, 도서출판 따님

지구를 살리는 7가지 불가사의한 물건들

1판 1쇄 펴낸날 2002년 5월 10일
1판 8쇄 펴낸날 2008년 4월 15일

지은이 존 라이언
옮긴이 이상훈
펴낸곳 그물코
펴낸이 장은성
인 쇄 대덕문화사
제 본 성문제책사
용 지 두송지업

출판등록일 2001.5.29(제10-2156호)
주소 (350-811)충남 홍성군 홍동면 운월리 368번지
전화 041-631-3914
팩스 041-631-3924
전자우편 network7@naver.com
인터넷 누리집 gmulko.cyworld.com

*이 책의 본문은 재생용지로 만들었습니다.
*잘못된 책은 사신 곳에서 바꿔 드립니다.